贾东　主编　建筑营造体系研究系列丛书

皖中民居建筑之营造体系
以桐城氏家大宅为例

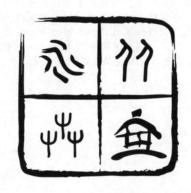

杨绪波　宁丁　著

中国建筑工业出版社

图书在版编目（CIP）数据

皖中民居建筑之营造体系：以桐城氏家大宅为例／杨绪波，宁丁著.—北京：中国建筑工业出版社，2019.10
（建筑营造体系研究系列丛书）
ISBN 978-7-112-24325-9

Ⅰ.①皖… Ⅱ.①杨… ②宁… Ⅲ.①民居–建筑艺术–研究–安徽 Ⅳ.①TU241.5

中国版本图书馆CIP数据核字（2019）第223452号

皖中清代大屋民居属于典型的中国传统民居建筑体系下的具体地域性表达类型。笔者自2013年起深入桐城地区，对桐城市保留的历史街区北大街、南大街的民居大宅进行实地的测绘和研究，并参与多处民居大宅的修缮设计工作。本书对皖中（桐城）清代氏家大宅民居的形制进行了记录、分析，对部分民居大院的修缮工作进行了较为全面的记述研究，希望可以为后续的深入研究提供基础性资料。由于时间仓促，笔者能力有限，不免有疏漏和不到位的地方，敬请谅解及指正，本书适用于建筑学专业师生及建筑设计行业从业人员。

责任编辑：吴　佳　唐　旭　李东禧
责任校对：张惠雯

建筑营造体系研究系列丛书
贾东　主编
皖中民居建筑之营造体系
以桐城氏家大宅为例
杨绪波　宁丁　著
*
中国建筑工业出版社出版、发行（北京海淀三里河路9号）
各地新华书店、建筑书店经销
北京锋尚制版有限公司制版
北京京华铭诚工贸有限公司印刷
*
开本：787×1092毫米　1/16　印张：7　字数：141千字
2019年12月第一版　2019年12月第一次印刷
定价：39.00元
ISBN 978-7-112-24325-9
（34561）

总　序

2012年的时候，北方工业大学建筑营造体系研究所成立了，似乎什么也没有，又似乎有一些学术积累，几个热心的老师、同学在一起，议论过自己设计一个标识。在2013年，"建筑与文化·认知与营造系列丛书"共9本付梓出版之际，我手绘了这个标识。

现在，以手绘的方式，把标识的涵义谈一下。

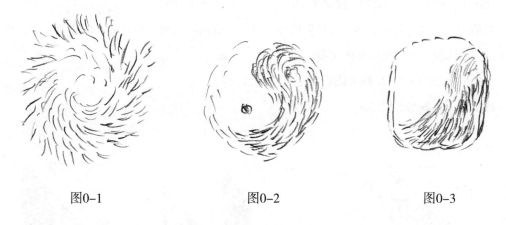

图0-1　　　　　　　　　　图0-2　　　　　　　　　　图0-3

图0-1：建筑的世界，首先是个物质的世界，在于存在。

混沌初开，万物自由。很多有趣的话题和严谨的学问，都爱从这儿讲起，并无差池，是个俗曰，却也好说话儿。无规矩，无形态，却又生机勃勃、色彩斑斓，金木水火土，向心而聚，又无穷发散。以此肇思，也不为过。

图0-2：建筑的世界，也是一个精神的世界，在于认识。

先人智慧，辩证大法。金木水火土，相生相克。中国的建筑，尤其是原材木构框架体系，成就斐然，辉煌无比，也或多或少与这种思维关系密切。

原材木构框架体系一词有些拗口，后撰文再叙。

图0-3：一个学术研究的标识，还是要遵循一些图案的原则。思绪纷飞，还是要理清思路，做一些逻辑思维。这儿有些沉淀，却不明朗。

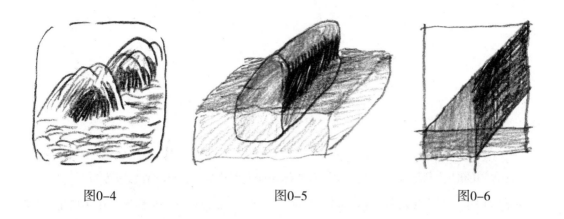

图0-4 　　　　　　　　　　图0-5 　　　　　　　　　　图0-6

图0-4：天水一色可分，大山矿藏有别。

图0-5：建筑学喜欢轴测，这是关键的一步。

把前边所说自然的大家熟知的我们的环境做一个概括的轴测，平静的、深蓝的大海，凸起而绿色的陆地，还有黑黝黝的矿藏。

图0-6：把轴测进一步抽象化图案化。

绿的木，蓝的水，黑的土。

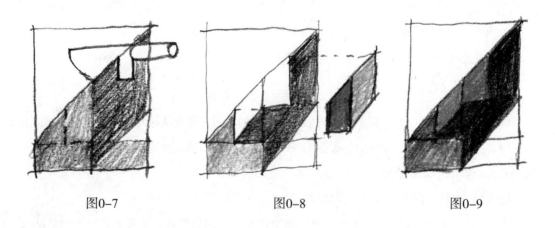

图0-7 　　　　　　　　　　图0-8 　　　　　　　　　　图0-9

图0-7：营造，是物质转化和重新组织。取木，取土，取水。

图0-8：营造，在物质转化和重新组织过程中，新质的出现。一个相似的斜面形体轴测出现了，这不仅是物质的。

图0-9：建筑营造体系，新的相似的斜面形体轴测反映在产生它的原质上，并构成新的五质。这是关键的一步。

五种颜色，五种原质：金黄（技术）、木绿（材料）、水蓝（环境）、火红（智慧）、土黑（宝藏）。

技术、材料、环境、智慧、宝藏，建筑营造体系的五大元素。

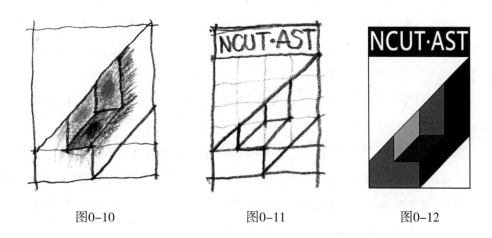

图0-10　　　　　　　　图0-11　　　　　　　　图0-12

图0-10：这张图局部涂色，重点在金黄（技术）、水蓝（环境）、火红（智慧），意在五大元素的此消彼长，而其人的营造行为意义重大。

图0-11：将标识的基本线条组织再次确定。轴测的型与型的轴测，标识的平面感。NCUT·AST就是北方工业大学/建筑/体系/技艺，也就是北方工业大学建筑营造体系研究。

图0-12：正式标识绘制。

NAST，是北方工大建筑营造研究的标识。

话题转而严肃。近年来，北方工大建筑营造研究逐步形成以下要义：

1. 把建筑既作为一种存在，又作为一种理想，既作为一种结果，更重视其过程及行为，重新认识建筑。

2. 从整体营造、材料组织、技术体系诸方面研究建筑存在；从营造的系统智慧、材料与环境的消长、关键技术的突破诸方面探寻建筑理想；以构造、建造、营造三个层面阐述建筑行为与结果，并把这个过程拓展对应过去、当今、未来三个时间；积极讨论更人性的、更环境的、可更新的建筑营造体系。

3. 高度重视纪实、描述、推演三种基本手段。并据此重申或提出五种基本研究方法：研读和分析资料；实地实物测绘；接近真实再现；新技术应用与分析；过程逻辑推理；在实践中修正。每一种研究方法都可以在严格要求质量的前提下具有积极意义，其成果，又可以作为再研究基础。

4. 从研究内容到方法、手段，鼓励对传统再认识，鼓励创新，主张现场实地研究，主张动手实做，去积极接近真实再现，去验证逻辑推理。

5. 教育、研究、实践相结合，建立有以上共识的和谐开放的体系，积极行动，潜心研究，积极应用，并在实践中不断学习提升。

"建筑营造体系研究系列丛书"立足于建筑学一级学科内建筑设计及其理论、建筑历史与理论、建筑技术科学等二级学科方向的深入研究，依托近年来北方工业大学建筑营造体系研究的实践成果，把研究聚焦在营造体系理论研究、聚落建筑营造和民居营造技术、公共空间营造和当代材料应用三个方向，这既是当今建筑学科研究的热点学术问题，也对相关学科的学术问题有所涉及，凝聚了对于建筑营造之理论、传统、地域、结构、构造材料、审美、城市、景观等诸方面的思考。

"建筑营造体系研究系列丛书"组织脉络清晰，聚焦集中，以实用性强为突出特色，清晰地阐述建筑营造体系研究的各个层面。丛书每一本书，各自研究对象明确，以各自的侧重点深入阐述，共同组成较为完整的营造研究体系。丛书每本具有独立作者、明确内容、可以各自独立成册，并具有密切内在联系因而组成系列。

感谢建筑营造体系研究的老师、同学与同路人，感谢中国建筑工业出版社的唐旭老师、李东禧老师和吴佳老师。

"建筑营造体系研究系列丛书"由北京市专项专业建设——建筑学（市级）（编号PXM2014_014212_000039）项目支持。在此一并致谢。

拙笔杂谈，多有谬误，诸君包涵，感谢大家。

贾　东
2016年于NAST北方工大建筑营造体系研究所

前　言

本书选取皖中地区范围内现存的清代传统大屋民居建筑为研究对象，探寻整理其历史背景、所处文化圈及相应影响；以空间和营造为研究的两大重点，进而展开成以院落形态和空间效率、营造做法和营造材料配比为研究内容的地域新民居类型研究课题，以便深入总结并记述皖中清代大屋民居的特点，为更全面完整地认识皖中地区清代氏家大族宅第提供参考。通过多次实地进入皖中地区桐城、合肥、肥西、寿县，采用观察调研、实地测绘、收集资料等相关研究方法，着眼于探索对皖中清代大屋民居的格局进行综合性的研究，探究其营造的方式和材料关系，并探讨古民居空间使用效率上的优势。

本书分为六章。

第1章是概述，在此章节对本课题的研究背景与意义，研究的主要内容和研究方法以及研究框架作了简要的说明。

第2章介绍皖中地区相关文化圈及影响，总结清代大屋民居营造特征的变化规律，并得出三大文化圈对于皖中清代大屋民居营造特征的作用关系。

第3章分析皖中清代大屋民居选址因素；总结院落形态以和空间要素进行分类分析。

第4章是皖中清代大屋民居营造体系介绍和详细分解，按照营造体系和营造细部两方面的营造研究进行总结及系统分析，科学地确立清代皖中地区氏家大族宅第的建造系统并按照当代建筑体系进行量化分类对比研究。

第5章研究皖中地区清代桐城氏家大族宅第的修缮工程概况，介绍其文化价值和修缮保护技术。

第6章以已经修缮竣工的左家大屋为例，图文并茂详细介绍了左家大屋的修缮措施和工程做法。

感谢北方工业大学建筑与艺术学院贾东教授在本书写作过程中给予的指导和帮助。

目　录

第1章 皖中地区与当地民居概述

建筑的形成离不开地理、历史、人口来源乃至地方文化的影响，建筑的形态特征、营造系统都是这些因素对建筑的具体表达，只有弄清地方背景因素以及其与建筑的相互关系，才能真正理解建筑所具有的文化内涵及意义。因此，现将皖中地区及其相关文化圈进行归纳概述，并探寻其与当地氏家大族宅第间的关系；分析皖中清代大屋民居分布位置，并总结其规律特点和进行文化解析，从而完善补全中国传统民居体系中的皖中民居部分。

康熙六年（1667年），清朝政府拆江南省为江苏（含上海市）、安徽两省，至此，安徽而正式建省，省名取自当时安庆、徽州两府首字。由于当时安徽省省会安庆府古为皖国，境内有皖山、皖水，故安徽简称"皖"，沿用至今日。

皖中地区特指安徽省境内位于淮河以南与长江以北的江淮地区，面积约6.32万平方公里，人口约2400万。包括安徽省省会合肥、安庆、滁州、六安四市全境及芜湖、马鞍山两市江北辖地。皖中是安徽省的政治中心、经济中心、文化中心和旅游中心，历史悠久，文化深厚。皖中地区地貌包括江淮丘陵和大别山区地带，分属长江流域和淮河流域（图1-1）。

1.1 自然地理条件

皖中地区位于淮河以南、长江下游一带地区，地貌特征主要为长江、淮河冲积而成的大片平原地带，地势低洼，海拔一般在10米以下，水网交织，湖泊众多。受地质构造和上升运动的影响，沿江一带平原形成了2~3级阶地，分布着众多的低山、丘陵和岗地。其地势自西北向东南，山地、丘陵、平原依次呈阶梯分布。

气候条件为亚热带季风性湿润气候，冬温夏热，四季分明，降水丰沛，季节分配比较均匀。年均降水量约为800~1000毫米，

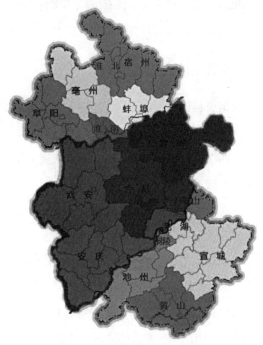

图1-1 皖中地区区位示意图
（图片来源：作者自绘）

1

历年最大和最小降水量可相差1~3倍以上，夏季各月降水量逐年变化更大，往往引起旱涝灾害。

1.2　资源经济条件

江淮特指江南、淮南地区。唐朝时设江南道、淮南道，统称江淮。两宋时期，江淮的农业生产技术已经到达精耕细作程度，手工业、商业也由此兴盛起来。在相当长的时间里，江淮是中国经济文化最发达地区的代名词，古人曰："天下赋税仰仗江淮"，"江淮自古为天下富庶之区也"。

皖中地区所属安徽省内的江淮区域，皖中自古人口稀少，发展缓慢，据《史记》载："江淮地区地广人稀，刀耕火种，百姓贫困，甚少积蓄，几无家产过千的富豪，如同江南地区般荒凉。"而淮北地区开发较早，文明程度几乎与中原相当，随着人口密度、自然资源利用率等已经达到相当程度，难以承载更多的人口，加之频发战乱，安徽省内的经济文化中心由于人口的迁移逐渐向南转移，淮河流域、江淮之间、长江流域三大区域依时间先后逐渐兴盛。两宋时期，皖中江淮地区经济取得巨大进步，逐渐取代淮北地区的中心地位。经济中心的迁移，随之而来的是人口的大量涌入和技术的快速革新，同时安庆府也被确立为地区性政治中心，庞大的新移民的进驻和技术的更新升级，使得江淮文化在皖中地区不断延续传承并发生变化，逐渐形成了皖中特有的皖江文化圈，该文化圈与皖北的淮河文化圈、皖南的徽州文化圈，并立为安徽的三大文化圈，各自以不同的方式传承其特有的文化内涵。

1.3　社会文化因素

据史料记载，江淮地区地广人稀，汉武帝为控制东南闽粤地区，曾一度采取异地移民政策，强制一批粤人内迁江淮地区；又下旨将不愿居住在浙南地区的4万余东瓯人迁至江淮地区；西汉后期，因黄河连年洪灾，饥民大增，西汉朝廷派官员护送饥民流往江淮地区。两次移民组成了皖中地区早期人口。

元末明初，由于蒙元政权高压统治随之带来残酷的民族战乱和大量人民起义运动，皖中作为当时起义军发展重镇，先后遭到蒙古军队的残暴攻击，使得皖中地区人口锐减。明朝政权确立后，为尽快恢复皖中地区人口数量及相应生产，明朝政府向皖中地区输送了大量移民。据人口学记载，皖中地区在明代初期进行了朝廷主导下的大规模移民迁入行为，其移民来源构成主要为江西和徽州二地，其中江西人口占有巨大比重。故有理由相信，从明代起，江西及徽州民居所带去的徽州文化对皖中地区内的皖江文化在意识和形态上都相应产生了一定的影响，而大屋民居作为地方文化内涵的重要载体，也会产生相应的影响及变化。

1.4 与徽州民居的比较分析

徽州文化圈，是中国三大地域文化之一，指古徽州一府六县物质文明和精神文明的总和，而不等同于安徽文化。徽州，古称歙州，又名新安，宋徽宗宣和三年（1121年），改歙州为徽州，府治歙县，包括今安徽黄山市大部、宣城市绩溪县及江西婺源县，清代设立安徽省的"徽"也由此而来。徽州文化圈具有中国封建社会后期社会文化发展典型的标本研究价值。中国社会的经济、文化发展的中心随着南宋王朝的"靖康之渡"而彻底移向江南，江南从此成为中国经济、文化和社会发展的最为活跃、最具代表性地区。而徽州文化正是在南宋以后，在经历了长达一千多年的新安文化的积累之后全面崛起，明清时形成鼎盛的中国封建文化。

1.5 与皖北民居比较分析

皖江文化圈位于安徽省境内的淮河和长江之间，文化圈以安庆为中心，包含古楚文化、桐城文化以及受这两种文化与微弱徽州文化交叉影响的沿长江地区。皖江文化由安庆土著的古皖文化和来自江西及徽州移民的新安文化信仰碰撞和融合而形成的特有地方文化。皖江文化圈的居民来源主要为移民，世居皖江地区居民最早的也只是唐、宋时期，皖江先祖多来自元、明时期的徽州和江西鄱阳。作为移民地区的显著特点是接受新生事物较快，常得风气之先。皖江文化自先秦以来，从未中断，渊远而流长。由于移民和交通的便利，皖江文化开放程度高、创新意识浓、文化辐射力强，大量吸收徽州、江西一代的文化，此外，明代隶属南直隶，也使皖江文化产生重视教育的基因。皖江文化具有以农为本的传统文化属性，是儒家文化传统的产物，具有开放融通和择善而从的社会心理。皖江文化对外开放，对内则是融通。皖中清代大屋民居正是位于皖江文化圈内。

第2章 皖中（江淮）地域民居类型

皖中民居地处安徽省境内，淮河以南与长江以北之间，地势低洼、湖泊众多，属于平原地带；当地季节分明、雨量充沛、四季潮湿，从而民居大多具有防热、防潮的特性；皖中民居主要依托本地皖江文化圈影响，同时受到来自皖北淮河圈和皖南徽州文化圈辐射，外加明代徽州、江西移民的迁入，从而形成在文化上重纲常、重家族，外形与营造上吸纳融合南方和北方民居各自特点的地域性独特民居形式。皖中地区历史上战争频繁，加之江、淮两河泛滥等自然灾害原因，皖中地区民居现存较少，分布零散，不成组群，且大多为晚清时期民居建筑。

为科学全面地完成皖中清代大屋民居的研究，首先以已被确定的国家级历史文化名城、国家级历史文化镇（村）、省级历史文化名城目录下地区为定位坐标（表2-1、图2-1），并以此为基础再通过筛查细化等方式确定皖中地区大屋类重点民居的分布位置（图2-2），之后根据地域典型性、文化辐射度、标本可达性等特征确定皖中清代大屋民居研究所需要的重点民居聚集地。经调查首先取得定位坐标8处，后确定大屋类重点民居位置13处，通过分析研究筛选，确定本次研究的重点标本4处，即桐城、肥西、合肥和寿县，并以调研、勘测的方式总结了其各自的大屋民居地方特征。

图2-1 皖中地区历史文化名城（村镇）分布示意图
（图片来源：作者整理、自绘）

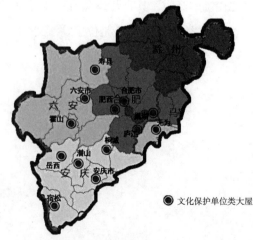

图2-2 皖中地区文化保护单位类大屋分布示意图
（图片来源：作者整理、自绘）

桐城重点大屋民居简介 表2-1

文保级别	国家级历史文化名城	国家级历史文化名镇（村）	安徽省级历史文化名城
数量	2处	2处	4处
名称	安庆、寿县	三河镇、毛坦厂镇	桐城、潜山、和县、凤阳

（资料来源：作者整理）

2.1 桐城民居

桐城民居是以桐城派文化为基础，受到皖南、皖北及江西等地民居在营造方式和风格特点的相互影响下，形成马头墙与硬山并存、穿斗式与抬梁式共有的独特建筑风格；结构上使用墙体空斗砌法、大木承重、竹编内墙分隔等营造方式，兼具有防潮、防热等特性；营造理念上重视纲常伦理、强化堂屋祭祀功能；桐城望族张、姚、马、左、方、钱、潘、光等大多聚居于桐城北大街，建筑群具有典型的文人士大夫宅邸特色。

桐城市位于安徽省中部偏西南，所属地区为安徽安庆市，长江北岸，大别山东麓，东邻庐江、枞阳两县，西连潜山县，北接舒城县，南抵怀宁县和安庆市，是典型的皖中地方民居聚集地。明朝初年，桐城所属南直隶，故得明代重视科举风气之先，民间十分重视读书，有"穷不丢书，富不丢猪"的家训，自明永乐至崇祯，桐城先后共出进士80人，举人165人。清代，中进士者154人，举人628人。这些天之骄子待金榜题名、衣锦还乡后，通常会在桐城内购置田地修建宅院，以告光宗耀祖之心。此外据考证，桐城居民不喜迁徙，流动性较小，故桐城内的皖中江淮文化及其相应的特色地方民居客观上得到了较为完好的保存，故有理由认为桐城地区的大屋民居可以较为完整地展示皖中地区大屋民居的相关形制特征，通过对桐城大屋民居的勘测与研究，对于归纳总结皖中地区大屋民居的形制与营造体系起到很好的关联作用。

由于城镇化建设和保护意识缺乏，桐城内很多古民居已经被破坏甚至拆除，目前，桐城地区尚存的大屋民居大多集中在已被开发保护修复的孔城镇和尚未被大规模现代化开发的"三街一巷"内。相对于后期改造保护的孔城镇，尚未被开发修复的"三街一巷"对于皖中清代大屋民居的研究更具研究价值，其中的北大街又因姚莹故居、钱家大屋、左家大屋和方以智故居等地方特色大屋集中于此而更具研究代表性（图2-3）。

通过以上分析确定选取桐城"三街一巷"

图2-3 桐城民居
（图片来源：作者自摄）

历史街区进行调研，并对桐城氏家大族宅第进行分析，总结归纳其建筑营造特征（表2-2）。

桐城氏家大宅民居平面基本单元布局以三合院、四合院、多进院为主，既有北方的合院形式，又有南方的天井院落。其中，典型形制有中轴线多进院式和多院落式两种。中轴线多进院式，有明显的中轴线，屋架高度较高，有的沿街商业设2层；多落院式为多进建筑在横向组合形成多落多进的更大宅院，平面布局灵活，不拘一格。空间组织灵活紧凑，极具变化，层次丰富。

桐城大屋民居营造特征　　　　　　　　　　　　　表2-2

名称	说明	实例照片		
木架类	木架承重结构多为抬梁式和穿斗式混合；龙骨、柱、檩、枋、椽、础等木架部件纤细，多采用小木结构	木架形式		其他木架
承重墙体类	砖木结构，山墙承重，多使用青砖空斗墙砌法，墙基至墙顶采用由实墙到空斗墙的顺砌形式			
非承重墙体类	院内采用空斗墙、竹编墙；沿街多采用木板墙	空斗墙	竹编墙	木板墙

续表

名称	说明	实例照片
木件类	朴素简洁的皖江风格门窗、格栅、栏杆等木件	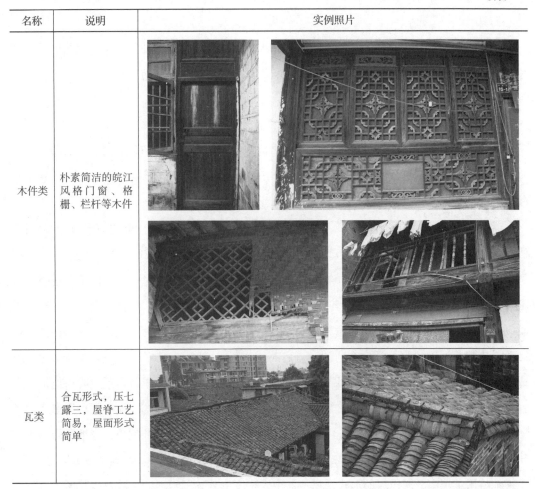
瓦类	合瓦形式，压七露三，屋脊工艺简易，屋面形式简单	

（资料来源：作者整理、自摄）

　　桐城地处安徽南北交界的中间地带，也是南北两种文化的交汇地，受到两种文化的影响，表现在建筑上则成为南、北方建筑做法的融合。桐城氏家大宅民居的木构架在民居中多为穿斗和抬梁结合，抬梁式多用于明间梁架，穿斗式用于次间或山面。

　　大部分建筑的山墙直接承重，檩条置于山墙上，山墙内没有柱子，山墙直接承重。山墙以硬山为主，山墙不出屋面，循着屋顶的坡度走向，少见带翘角马头墙式。

　　从整体上看桐城民居保持中国传统建筑的立面特点，立面由上至下分屋面、屋身木梁柱、台基三部分组合而成。屋身部分有单檐式、骑楼式、重檐式三种模式。桐城氏家大宅民居装饰较为简朴，由于尺寸得体，重点突出，繁简得当，与周围素雅的壁板、灰墙、砖石地面、天井绿化相得益彰，组成了统一协调的整体。

　　桐城氏家大宅民居的门窗、隔断、天花、栏杆、挂落等木构件的造型较简单，个别规模较大民居也有做工精致的门窗。极少见到类似于皖南民居中手法细腻、雕琢精美的木雕、石雕与砖雕。

以桐城本地桐城派文化为基础，桐城氏家大宅在格局和营造上使用了大量独特的工艺和手法；受到皖南徽州文化圈和皖北文化圈影响，具有皖南、皖北营造的特征。

2.2 皖西南大屋

皖西南大屋是江淮民居的重要代表，在建筑特色上吸取了徽派建筑手法，又有很强的独创性。皖西南地区的安庆是古皖国的所在地，历史悠久，文化积淀深厚。皖西南古民居正是皖江文化的重要载体。

皖西南院落式民居数量众多，特色鲜明。安庆市区及七县一市均有分布。大别山腹地分布较多，最具特色。分布地区地处亚热带季风气候。长江下游上段北岸，北纬29°47′~31°17′，东经115°46′~117°44′。地区地貌大致分为中山、低山、丘陵、台地（岗地）、平原几个部分。西县位于安徽省中部，合肥市西南部，隶属省会合肥管辖，与巢湖、六安两市交界，东濒巢湖，丰乐河、杭埠河、小南河三水流贯其间，区位条件优越。肥西县内的三河镇原是巢湖中的高洲，古名鹊渚、鹊尾（渚）、鹊岸等，后因泥沙淤积，渐成陆地，唐宋以后，三河周围的河湖滩地逐渐兴筑圩田，绵延数十里，迅速成为当地鱼米之乡，并逐渐形成一个以米市为主的繁华商埠，而三河镇正是典型的皖中地方民居聚集地。

三河镇地处皖中地区，属于皖江文化圈，根据史料及古民居遗址记载，当地民居应为空斗青砖、装饰朴素的皖中民居形式。然而，在调研中发现，当地大量新建复原民居类建筑，单纯地使用了皖南徽派民居的形式及风格，很大程度上破坏了当地的文脉及建筑形式，这一现象显示出皖中民居形式和营造特点急需被归纳建立的必要性和紧迫性。

肥西三河镇现存古建筑群以清末民初时期为主。完好的古街道有西街、南街、东街，街区肌理完整，建筑风貌依旧，保存2000多米长的青石板路辙印深深。目前，已经批准的民居类省级文物保护单位就有：一人巷住宅群（含杨振宁故居，清代），郑善甫故居——鹤庐（民国时期）等（图2-4）。

通过以上分析确定选取肥西三河古镇内的历史街区进行调研，并对肥西氏家大族宅第进行分析，总结归纳其建筑营造特征（表2-3）。

图2-4　肥西民居
（图片来源：作者自摄）

肥西大屋民居营造特征　　　　　　　　　　　表2-3

名称	说明	实例照片		
		木架形式		其他木架
木架类	木架承重结构多为抬梁式和穿斗式混合；龙骨、柱、檩、枋、椽、础等木架部件纤细，多采用小木结构			
承重墙体类	砖木结构，山墙承重，多使用青砖空斗墙砌法，墙基至墙顶采用由实墙到空斗墙的顺砌形式，墙基实墙顺砌形式与桐城有所区别，且层数更多			
非承重墙体类	院内采用空斗墙；沿街多采用木板墙	空斗墙		木板墙

续表

名称	说明	实例照片
木件类	朴素简洁的皖江风格门窗、格栅、栏杆等木件	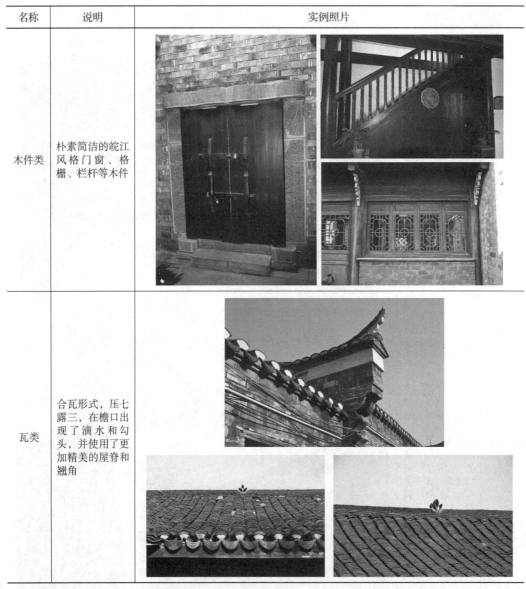
瓦类	合瓦形式，压七露三，在檐口出现了滴水和勾头，并使用了更加精美的屋脊和翘角	

（资料来源：作者整理、自摄）

　　皖西南古民居为大院落形式，建筑面积较大。其排布方式与皖南地区古民居相似。同一家族的房屋围成一块，以中轴对称建筑为主，中轴线上有二到三进四合院。面阔有三间、五间、七间不等。皖西南古民居有穿堂式和大厅式两种建筑形式。

　　装饰形式多样："金包银"结构（即外砖内土），齐檐封火墙、马头墙、飞檐翘角、栅栏匾额、外墙体青砖乾摆墙，檐用砖栱挑出。装饰种类有木雕、石雕、砖雕、线刻。砖雕木雕具有江北风格，砖雕采用高浮雕手法，立体感强。粗放不失精湛，体现出皖西南古、大、美、雅、固的建筑艺术风格。装饰题材丰富，装饰构思奇妙。"内雕外素"与皖南地区古民居不同，外表看十分普通，内部雕饰却极尽精巧，暗合儒家处世哲学。

皖西南大屋的成因与自然地理和社会文化因素息息相关。皖西南，地分江淮，襟连吴楚，多种文化在此地碰撞交融。这种建筑格局一是受地形、降水量的影响，二是建造者对风水的把握，建筑布局因地制宜，强调自然通风采光，多坐北朝南，总体布局强调天人合一。

在建筑特色上吸取了徽派建筑手法，又有很大独创。"内雕外素"与皖南地区古民居不同，其砖雕木雕具有江北风格，砖雕采用高浮雕手法，立体感强。外墙多为青砖，勾白缝，檐口处粉一道白线，马头墙形式多样，富有变化。同时内部雕饰色彩鲜明，各种图案注重写实。古建筑外朴内华，兼具北方古建筑粗犷与南方古民居的秀美，具有明显的过渡与兼容特色。

2.3　合肥院落式民居

江淮地区的特殊地理位置，使江淮之间成为中国北方与南方两大建筑风格交汇融合的地带。合肥院落式民居融合了北方院落的布局模式和皖南徽派建筑的部分元素，形制古朴，空间形式和空间组织模式充分反映了家庭结构、家族关系和家族生活，是江淮民居的代表建筑类型之一。

江淮院落式民居主要分布在乡村和江淮地区北部，所处地带为亚热带季风气候，受梅雨影响明显，以合肥市、肥东县、肥西县、巢湖市北部黄麓镇、烔炀镇等分布较为集中。合肥位于安徽省正中央，长江、淮河之间的丘陵地区，东邻滁县地区，西界六安地区，南与巢湖地区相望，北与淮南市相连，沿海腹地、内地前沿，具有承东启西、贯通南北的重要区位优势。合肥古称"庐州"、"庐阳"，因泗、施二水交汇而得名，是历代江淮地区政治、经济、文化中心。曾为扬州、合州、南豫州、庐州、德胜军、淮南西路等治所，有"江南唇齿，淮右襟喉"、"江南之首，中原之喉"之称，历为江淮地区行政军事首府。

合肥凭借在皖江地区的重要地位和地缘优势，文化古迹现存甚多，是典型的皖中地方民居聚集地。古民居以清代时期为主，最具典型代表性的大屋民居是省级文物保护单位——李鸿章故居（图2-5）。

通过以上分析确定选取合肥市区内历史街区进行调研，并对合肥氏家大族宅第进行分析，总结归纳其建筑营造特征（表2-4）。

图2-5　李鸿章故居
（图片来源：作者自摄）

皖中地区地势平坦，江淮院落式民居建筑大多位于平地，在朝向上通常坐南朝北，单体建筑局部有两层，形成高低错落感。单开间或者三开间，进深两个或两个以上，通常有多个院落，形成房间—院落—房间—院落……的布局，布局精巧，富有层次感。民居多为硬山青瓦顶、两面有山墙的木结构建筑。

合肥大屋民居营造特征　　　　　　　　　　　　表2-4

名称	说明	实例照片		
木架类	木架承重结构多为抬梁式和穿斗式混合，且抬梁式梁架配有雕花，更加精美；龙骨、柱、檩、枋、椽、础等木架部件纤细，多采用小木结构	**木架形式** 		**其他木架**
承重墙体类	砖木结构，山墙承重，多使用青砖空斗墙砌法，墙基至墙顶采用由实墙到空斗墙的顺砌形式，墙基实墙顺砌形式与桐城有所区别，且层数更多			
非承重墙体类	院内采用空斗墙；沿街多采用木板墙	**空斗墙** 		**木板墙**

续表

名称	说明	实例照片
木件类	朴素简洁的皖江风格门窗、格栅、栏杆等木件	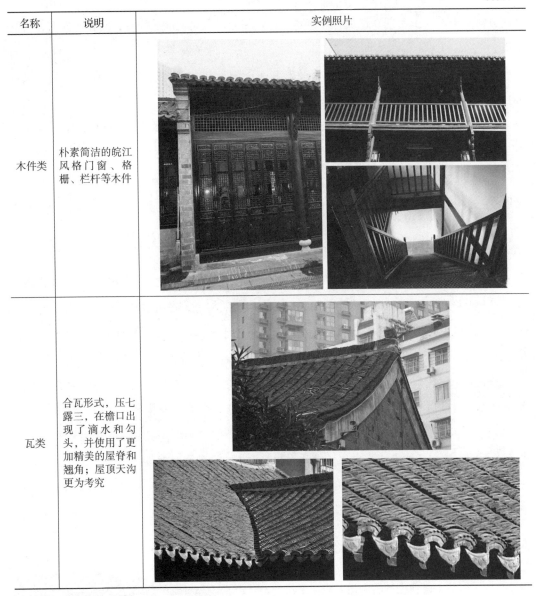
瓦类	合瓦形式，压七露三，在檐口出现了滴水和勾头，并使用了更加精美的屋脊和翘角；屋顶天沟更为考究	

（资料来源：作者整理、自摄）

建筑结构一般为抬梁式和穿斗式结合的木构架，承重木柱露出墙1/3，墙体多为青砖墙，地面采用方形石材铺成，部分房间地面为青砖，屋面覆小青瓦。

建筑体量一般面阔10~15米，进深不定。室内装饰风格具有江淮地方特色，屋面、门、窗、柱一般有较为精致的木雕，有花、鸟等内容，部分房屋具有精美的雀替。

合肥地区因地处特殊的地理位置，导致建筑风格受北方院落式和皖南徽派民居建筑风格影响，并融合了当时的建造技术，形成了自身独特的风格，平面布局较为规整，使用空间尺度相对较小，设置局部小空间，以满足家族聚居的居住要求，有轴线关系但不受轴线约束，室内分割自由灵活。后期在建筑后方加建一间庭院，整个建筑前后连通，门相向而对，有穿堂风。

合肥院落式民居吸收了北方院落的形制，配置改进的徽派马头墙，青砖灰瓦，风格古朴。

合肥院落式民居现存的建筑多经历近百年风雨，一般建造于清代晚期或民国初期，现代由于建造技术的提高以及建筑材料选择的广泛性等原因，新建的民居样式不再是这种形式，保存完好的名人故居经过当地的保护修缮，逐渐以博物馆形式开发为旅游资源，吸引人们参观学习。

2.4　皖西北圩寨

圩寨，是皖西北乃至整个黄淮平原最具特色的传统民居形式之一，融合了北方合院式民居、南方天井式民居、山地堡寨及水网地区圩子民居的特点，是由水利系统、防御系统和居住系统共同组成的集生活、军事、防洪、生产等功能于一体的综合型聚落，有着鲜明的时代及地域特色。总体上可以分为士绅居住的庄园圩和普通村民居住的村民圩两类。

历史上圩寨民居曾广泛分布于黄淮地区（含豫东、皖北广大区域），但因战争等原因大量损毁，目前以安徽省合肥市肥西县和六安市霍邱县，以及寿县境内保存相对集中、完整；其中肥西县在第三次全国文物普查中，发现圩寨 30 余处。寿县是六安市下辖县，位于安徽省中部，淮河中游南岸，东邻长丰县，北与淮南市、凤台县毗邻，西靠霍邱县，南与六安市、肥西县相连，是安徽省最早入选国家历史文化名城的城市之一。寿县曾为楚国故都，淝水之战古战场，因而受到楚文化深远影响。历史上4次为都，10次为郡，历史文化价值丰富。

寿县旧城区内多条街巷现仍存大量古民居并有居民居住，是典型的皖中地方民居聚集地。留犊祠巷是目前保存较完整的街巷，巷内有留犊池遗址、时公祠及大量传统地方民居，是寿县重点保护的历史街区之一（图2-6）。

通过以上分析确定选取寿县留犊祠巷历史街区进行调研，并对寿县氏家大族宅第进行分析，总结归纳其建筑营造特征（表2-5）。

图2-6　寿县民居
（图片来源：作者自摄）

寿县大屋民居营造特征　　　　　　　　　　表2-5

名称	说明	实例照片		
木架类	木架承重结构多为抬梁式，未见穿斗式；龙骨、柱、檩、枋、椽、础等木架部件纤细，多采用小木结构	木架形式	其他木架	
承重墙体类	砖木结构，山墙承重，分别出现了纯空斗墙、上空斗墙下顺砌实墙、纯顺砌实墙3种形式	纯空斗墙	上空斗墙下顺砌实墙	纯顺砌实墙
非承重墙体类	院内采用空斗墙；沿街多采用木板墙	空斗墙	木板墙	
木件类	朴素简洁的皖江风格门窗、格栅、栏杆等木件			
瓦类	合瓦形式，压七露三，屋脊工艺简易，屋面形式简单			

（资料来源：作者整理、自摄）

（1）从生态角度：圩寨民居的建设非常注意与生态环境相结合，使之更适宜生产生活。其选址常在坑洼积水之处以节约耕地，并将圩壕与河、渠贯通，兼顾农田灌溉、行洪排涝、湿地改造及安全防御，同时还获得了良好的景观、清幽的环境。其朝向通常迎向夏季主导风向，并在轴线上布置纵向的狭长天井院，充分利用当地气候达到冬暖夏凉的通风效果，体现了先民在营建居所时追求的"天人合一"思想。

（2）从使用功能角度：圩寨整体建筑布局上层次分明，功能合理，以圩壕环绕，之外是大片农田，壕上设桥，之内是以寨墙为主的防御工事，庄园圩常有涵闸、陡门等完善的水利设施，圩壕与寨墙之间为马厩、兵舍、仓库、作坊、牢房等辅助用房；寨内生活区以合院式民居为主，村民圩多是单进院落散落分布，庄园圩则为多路三至四进院落并联排列，高等级的庄园圩还有戏台和园林。

（3）从军事防御角度：圩寨民居四周以圩壕和寨墙为外层防御屏障，有些庄园圩在正面设有二至三道圩壕，外壕有吊桥，必要时可以升起，隔绝内外交通，桥头设门楼并驻有兵勇。两道圩壕之间留有大片空地，可作练兵之用，并增强防御纵深。寨墙开有枪眼并在关键位置设凸出墙体的碉楼。寨内主要出入口均设门楼，各路院落皆有大巷及内围墙相隔，如此形成了圩壕、吊桥、门楼、寨墙、碉楼、内宅围护，层层围合、森严有序的防御系统。

圩寨民居呈现融汇南北的特征，院落尺度介于皖北合院和皖南天井式民居之间，梁架一般为抬梁式和穿斗式结合的木构架。建筑墙体常采用外贴砖面，内用土坯砌筑，俗称"里生外熟"或"金包银"式砌法，坚固厚实、冬暖夏凉，并可增强防御功能。

圩寨民居外墙一般为清水砖墙，铺地多采用当地盛产的青石，建筑装饰包括砖雕、石雕、木雕等多种方式，装饰部位集中于屋脊、檐口、门窗、牛腿、门墩等，包括福寿、瑞兽、花鸟、传说等富有吉祥寓意的传统题材，一些高等级庄园圩装饰华丽，并绘有金漆彩绘。

圩寨是"圩"和"寨"二者的结合，圩原指低洼地区防水的土堤，后指由河道、沟渠与土堤围合的，包含耕地及住宅的"水心岛式"聚落，又称圩子。"寨"原指栅栏，后指由寨墙环绕据险而守的聚落。清中晚期捻军起义后，江淮士绅多结寨防守，捻军也建圩寨做军事据点，使圩寨的军事功能被不断强化，形成了完整的防御体系。此后，衣锦还乡的淮军将领和势力不断膨胀的地方士绅，为彰显身份财富，又将圩寨修得更加富丽堂皇，增加了戏楼、园林等，使之功能越发完备。

皖西北圩寨式民居集黄淮地区各类民居聚落特色于一身，与普通圩子民居相比，它拥有寨墙、碉楼、吊桥等，防御能力大为增强；与河南、山东及皖西的堡寨、庄园相比，它与区域内灌溉、防洪系统直接相连，拥有更完备的水利设施；它的院落比皖北合院式民居院落狭窄，且在轴线上设有狭长的天井，但又比皖南民居天井式院落开敞，这样既可以获得更好的通风，又能得到更充足的日照，完全符合当地的气候特征。

2.5　船屋

有的船民历代都生活在船上，以船为家，以船为宅，主要以捕鱼采贝及水路运输为谋生手段。生产生活、饮食起居几乎都在船上，船虽小，食住用具，一应俱全，停泊在一起形成水上聚落。船只、江面、两岸的风景，构成了船家独特的居住环境，成为他们物质和精神的家园，在长期的历史进程中形成了一种独特的舟居文化（图2-7）。

图2-7　船屋
（资料来源：作者自摄）

在安徽省的长江、淮河流域以及巢湖、瓦埠湖、女山湖等江河湖泊，都有船民生产生活在船屋上。对于以捕捞为生的船民，一般有生产生活共用船（称为船屋）和若干小型作业船。船屋，多数为水泥船，主要分为甲板上和甲板下两层。甲板上为主要生产生活场所，按功能布局可分为三部分。前甲板主要用于生产，对捕获的水产品进行分类和初步加工；中部甲板上设置驾驶舱，考虑到生活需要，对驾驶舱进行改装，作为就餐、娱乐、休息等生活场所，在驾驶船舶的同时，功能融陆上民居中的厨房、餐厅、客厅、卧室等作用于一体；船尾为发动机组所在处，并搭建临时厕所。为了充分利用空间，船民们还在整个甲板的上部空间分段搭建网棚，既可以用来晾晒水产品，也可以起到遮阴防雨的作用。

甲板以下为底舱，通常分为两个舱位。一个位于前甲板下的船舱，主要服务于生产，用来储藏生产用的渔具、捕获的水产品等；另一个位于驾驶舱甲板下，主要用于生活方面，安置床铺、储存粮食、堆放生活用品和杂物。底舱在服务生产、方便起居生活的同时可增加船舶的底部重量，增强船体稳定性。

此外，也有的船屋为木船，更为简朴。船屋一般为大通间，中间仅简单分割，较少开窗，减少对船屋整体性的影响，也以防风浪天气和船屋进水。其构造主要有船民到造船厂定制和自己改装两种形式。以常见的水泥船为例，驾驶舱先立钢管作为支柱，起支撑舱顶作用。舱顶一般使用中国传统民居建造方法，但是又有所简化，不设椽子，在檩条上直接铺木板；在木板上再铺设油毡，起防水层作用。在槛墙四壁上安装槛窗，槛窗材质有木质、铝合金、塑钢等（图2-8）。

船民由于水上环境和经济条件限制，船屋几乎无装饰。但是，春节期间，船屋上也张贴对联和祈福的字句，表明船民对中国传统节日习俗文化的传承以及对美好生活的憧憬。

古代人们大都是沿河而居，通过舟船，捕获水产品，利用天然的江、河、湖、海进行航运。船民终年生产生活在船上，漂浮在江河湖海之中，恶劣的自然环境是其生存的最大障碍，船民们在船上搭建房屋以尽量减轻自然灾害对生活生产的影响。随着社会生产力水平的逐步提高，船屋的宜居性也在不断增强。因此，船屋的形成具有其历史性、复杂性和传承性。

同时满足生活和生产的需要。从生活功能来看，船屋与陆上民居类似。但船屋由于自身空间有限，不仅点滴空间得到充分利用，而且往往同时拥有多种功能（图2-9）。

图2-8　水泥船改造的船屋　　　　图2-9　船屋室内空间
（资料来源：作者自摄）　　　　（资料来源：作者自摄）

第3章 皖中清代大屋民居院落形态与空间要素构成

形式是建筑体系的灵魂，空间形式在不同层次下的具体表达都有其相应的意义和原因，对空间形式进行由大至小的界定分类并展开具体研究，可以在不同维度上深刻体会建筑各类空间的构成模式，从而科学有效地理解建筑的形态特征及其形成原因。现将皖中地区清代氏家大族宅第按照选址、院落形态、格局特点、空间要素构成按照在体量上由大至小、在维度上由整体到局部的先后顺序方式进行研究，总结归纳本地大屋民居在各空间形式上的分类及特征，从而确定皖中清代大屋民居的形态特征及其形成原因。

3.1 区域位置

桐城市位于安徽省中部偏西南，所属地区为安徽省安庆市，长江北岸，大别山东麓，东邻庐江、枞阳两县，西连潜山县，北接舒城县，南抵怀宁县和安庆市。总面积1472平方公里，总人口75万人（2008年）。地势西北高东南低，山地、丘陵、平原呈阶梯分布。大沙、挂车、龙眠、孔城四河汇注菜子湖，经枞阳闸注入长江（图3-1）。

3.2 桐城历史沿革

夏、商：属扬州。

周：置桐国，为楚附庸。

春秋、战国——为桐国，先后属楚、吴、越，再属楚。

秦：属舒县，隶九江郡。

西汉：初为枞阳县，汉文帝十六年（公元前164年）改称舒县，有桐乡隶庐江郡。

东汉：初属舒县和龙舒侯国，先隶庐江郡，后隶扬州刺史部。

图3-1 桐城区域位置示意图
（图片来源：作者自绘）

三国：属吕亭左县和阴安县，隶庐江郡。

晋：属舒县，先后隶庐江郡、扬州道、晋熙郡。

南朝：宋初属舒县，隶庐江郡；后为阴安县、吕亭左县，属晋熙郡。齐属晋熙郡阴安县、庐江郡舒县和吕亭左县。梁、陈时属枞阳郡枞阳县。

隋：初为枞阳县，属熙州；开皇十八年（公元598年）改为同安县，隶同安郡。

唐：初为同安县，隶同安郡，至德二年（公元757年）改同安郡为盛唐郡（后复为同安郡），改同安县为桐城县，县名此始。

五代：属南唐舒州。

宋：北宋初年属舒州同安郡，政和五年（1115年）属淮南西路德庆军；南宋绍兴十七年（1147年）属安庆军，庆元元年（1195年）属安庆府。

元：至元十四年（1277年）属江淮行省安庆路，至元二十年（1283年）属江浙行省安庆路，至元二十三年（1286年），属河南江北行省安庆路。

明：初属宁江府，洪武六年（1373年）属安庆府，直隶南京。

清：初属江南省安庆府，康熙六年（1667年）属安徽省安庆府（图3-2）。

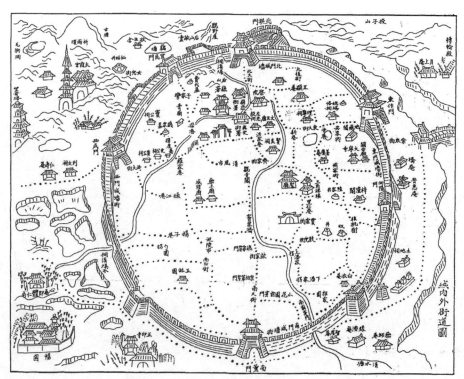

图3-2　清代道光七年（1827年）桐城古城格局

（资料来源：清道光版《桐城续修县志》）

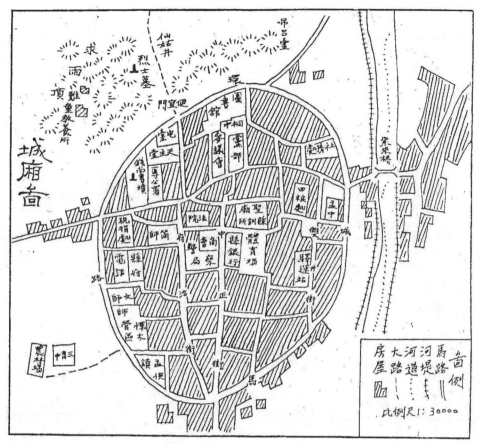

图3-3　民国34年（1945年）桐城古城格局

中华民国：民国元年（1912年）直隶安徽省，民国3年（1914年）属安徽省安庆道，民国17年（1928年）直属安徽省，民国21年（1932年）属安徽省第一行政督察区（图3-3）。

中华人民共和国：1949年属皖北行署安徽行政区，其东南境拆出另置桐庐县（后改为湖东县，再改为枞阳县）；1952年属安徽省安庆行政区；1968年属安徽省安庆地区；1988年属安庆市；1996年撤销桐城县，设立桐城市，为县级市，由安庆市代管。

3.3　桐城历史文化街区

3.3.1　东大街历史文化街区

街区东至同安北路以西约30米处院落边界、龙腾停车场、桐城汽车站围墙；南至东南巷、龙眠中路；西至龙眠河；北至明秀路、东北巷、东大街。面积10.31公顷，其中核心保护范围面积2.18公顷，建设控制地带面积8.13公顷（图3-4）。

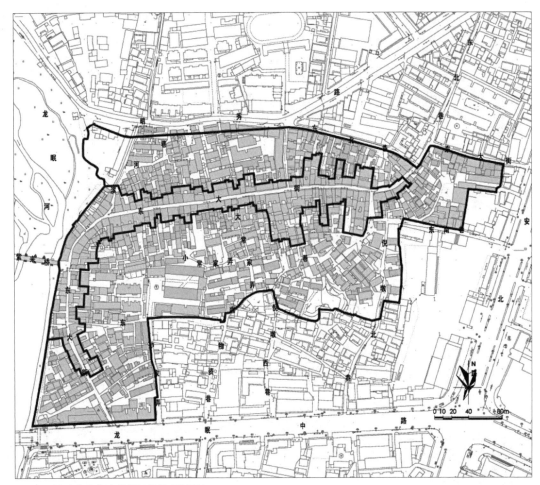

图3-4　东大街历史文化街区保护区划图

3.3.2　胜利街历史文化街区

街区东至和平路；南、西至文城西路；北至龙眠中路。面积15.06公顷，其中核心保护范围面积4.86公顷，建设控制地带面积10.20公顷（图3-5）。

3.3.3　南大街历史文化街区

街区东至和平路；南至同安南路以北约90米处建筑或地形边界；西至昌平路、南大路；北至龙眠中路。面积27.90公顷，其中核心保护范围面积6.65公顷，建设控制地带面积21.25公顷（图3-6）。

3.4　桐城文化

桐城文化产生于桐城地区，是以世家大族为社会基础，以儒家文化为核心精神，以桐城

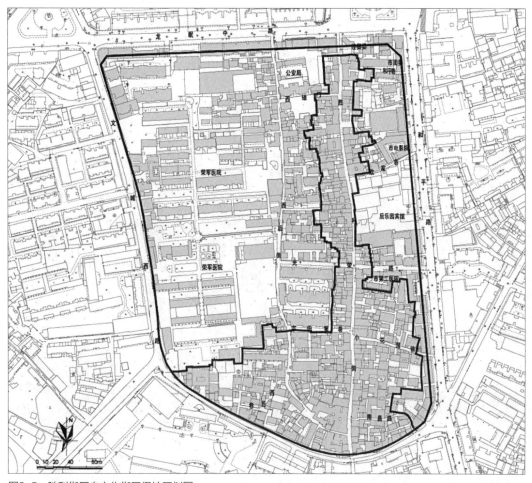

图3-5　胜利街历史文化街区保护区划图

学派（包括古文学派、诗派等）为纽带，辐射皖中地区，并通过科举、参政、学术、民俗以及文人等方式影响明清时期全国政治和文化格局，并延续至今的重要地域文化。

3.4.1　以儒家文化为核心精神的桐城文化的重要见证

1. 桐城文化产生的区域地理条件

桐城位于安徽省中部偏南，大别山与九华山之间。属县级市，位于县境中部稍偏西北。东临湖泊，西环群山，北距合肥113公里，南距安庆75公里，距南京较近。位于长江北岸，距离60公里，水运相对便利，古有"七省通衢"之称，一向为军事、交通重镇（图3-7）。

同时，其建城历史悠久，自明代以来就以璀璨的文化享誉华夏，历代人文荟萃、名流辈出，"桐城文派"更是影响清代文坛200余年，有"文化之乡"的美誉。

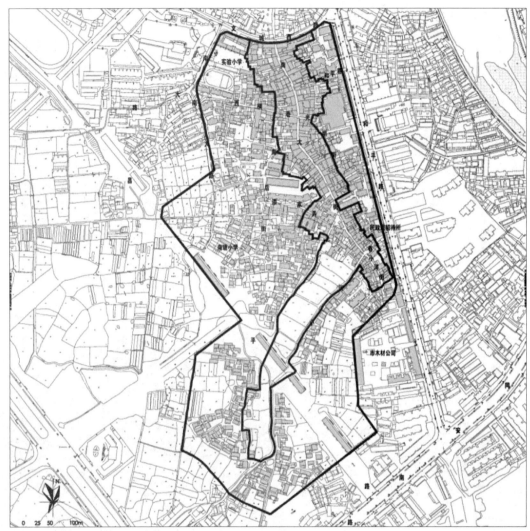

图3-6　南大街历史文化街区保护区划图

2. 桐城文化的发展历程

（1）形成期——唐宋至明中期

唐代，桐城文化处于启蒙发展阶段（以桐城最新发现的唐代县令、县丞墓志为佐证）。

宋元时期，桐城与世家大族繁荣，书院教育鼎盛的江西和徽州地区毗邻，已有世家大族
迁居于此（如方氏）。

元末明初战乱，大量世家大族避居桐城。明初桐城地近京畿，文教繁荣（图3-8）。

永乐以后，应天府设为陪都，仍为全国重要的政治文教中心，桐城地近南京。

明中期以后，文化开始兴起，以世家大族和儒家文化为特点的桐城文化逐渐形成（表3-1）。

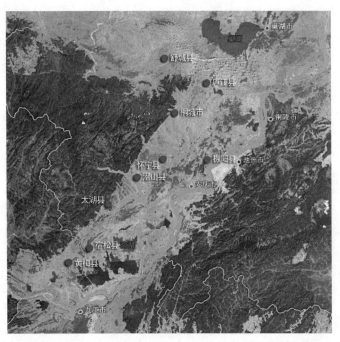

图3-7　区域地理条件示意图

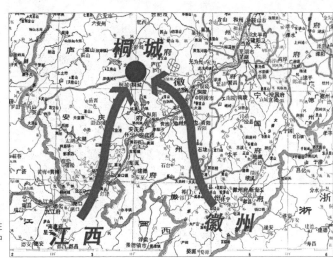

图3-8　世家大族迁居示意图
（图片来源：安徽桐城东大街、胜利街与南大街历史文化街区保护规划）

代表人物：

曹松、梅尧臣、张孝祥、李公麟、贡奎、贡师泰等。

部分世家大族迁居桐城时间表　　　　　　　　　　表3-1

世家大族	方	姚	张	左	马	何	倪	叶
迁居桐城时间	宋末	元末	明初	明初	明初	元末	元末	明初

（2）发展期——明中后期

经过数百年的积淀和发展，桐城的世家大族势力在明中后期逐渐兴起。

他们中有的人开办书院，组建文会，造就了明末桐城良好的文化氛围（表3-2）；有的则通过科举步入仕途，积累了一定的政声；有的赴各地开坛讲学，使桐城文化开始逐渐向周边地区乃至全国输出影响。

代表人物：左光斗、方学渐、何唐、童静斋等。

明后期部分桐城文会　　　　　　　　　　　　　　表3-2

明后期桐城部分文会	
开办人	文会名称
童静斋	辅仁馆
赵辟	宜秘洞
赵鸿赐	陌巷会
方学渐	桐川馆
方以智、钱澄之	复社
方文、孙临、左国柱、周歧、吴道凝等	泽园社

（3）鼎盛期——清代

明清鼎革之际，桐城因不处于主要交通干线上，免于战火摧残，世家文化得以完整保留。入清以后，桐城文风繁盛、文教发达，"科第、仕宦、名臣、循吏、忠节、儒林、彪炳史志者，不可胜书"，同时桐城文派、诗派、学派、画派等相继兴起，其中尤以桐城派古文影响深远，几乎决定了清代全国文坛的走向，桐城文化进入鼎盛时期。

代表人物：戴名世、方苞、刘大櫆、姚鼐、张英、张廷玉等。

（4）延续期——晚清及以后

清后期，受太平天国战争破坏，桐城本地经济文化逐渐衰落，但是出身于桐城世家的文人仕宦及其故吏门生在晚清政治和文化格局中发挥了重要作用。进入民国以后，由于重视文化教育传统的延续，出生于桐城的学者文人大量涌现，成果卓著且分布广泛，桐城文化得以延续（图3-9）。

代表人物：方令孺、方玮德、朱光潜等。

3. 桐城文化的空间分布

宏观空间分布——桐城文化以明清时期桐城县域范围内的桐城和枞阳为核心点，以皖中地区为主要核心区域，辐射东南地区，进而影响全国。

　　中观空间分布——从桐城市范围内看，桐城文化现存物质遗存多分布于古城范围内，以本次规划的四处街区内遗存居多。

　　三街一巷是桐城市内最能集中体现桐城文化的历史地段（图3-10）。

3.4.2　价值与特色构成要素

　　核心价值与特色可分述为教育与科举、宦迹与政声、学术与艺术、德行与宗族、皖中地域文化五大方面，具体内容见表3-3。

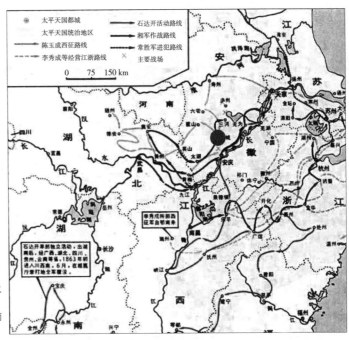

图3-9　太平天国后期作战路线图及桐城位置

（图片来源：安徽桐城东大街、胜利街与南大街历史文化街区保护规划）

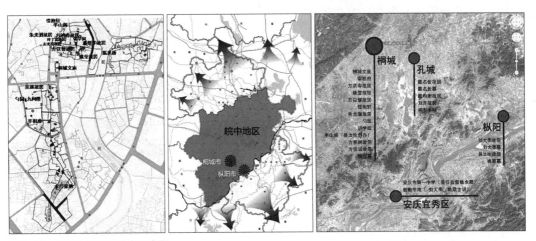

图3-10　桐城文化空间分布示意图

左：桐城文化在三街一巷　中：中观空间分布图　右：宏观空间分布图

（图片来源：安徽桐城东大街、胜利街与南大街历史文化街区保护规划）

价值与特色构成要素及影响范围表　　　　　　　　　表3-3

分类		分项价值	影响范围
文化内涵	教育与科举	桐城尊师重教传统悠久，三街一巷内教育体系完整，历史上书院众多、讲学之风盛行，教育相关遗存较丰富；近代较早引进先进教育理念；为桐城文化繁荣奠定坚实基础。 历史上科举中进士人数以县而计居全国前列，三街一巷内原有大儒故居众多，并有一定的科举相关遗存；对研究我国传统教育、科举制度及桐城文化繁荣现象具有较高的历史、科学价值	全国
	宦迹与政声	明清时期，桐城籍官员众多，宰辅重臣更负盛名，他们清正廉洁、施行德政、政声显著，对明清两代政坛产生巨大影响。 历史上三街一巷内名宦故、旧居聚集，礼制性建筑众多，目前仍存留部分遗存。 对研究我国明清时期——尤其是清代政治格局，以及桐城文化的发展具有较高的历史、科学价值	全国
	学术与艺术	明清两代，桐城硕学通儒、作家诗人，不断涌现；在理学、训诂、古文、诗歌、绘画等方面均有建树，产生了全国性影响，留下了丰富的非物质文化遗产。 历史上三街一巷内桐城学派、文派、诗派、画派代表人物故居、礼制性建筑众多，目前仍有部分遗存； 对研究我国明清时期——尤其是清代学术、散文、诗歌、绘画的理论与作品，具有极高的历史、科学和艺术价值	全国
	德行与宗族	桐城士人坚守仁、廉、忠、义，留下了"六尺巷故事"等非物质文化遗产。 桐城宗族发展典型，留下了较多的世家大屋，历史上存有众多祠堂，对研究我国明清时期地方宗族发展、士文化的形成，具有突出的历史、科学价值	全国
	皖中地域文化	桐城民俗众多，桐城歌、黄梅戏是国家级非物质文化遗产；传统民居具有典型的南北融合特征，是皖中民居的重要聚集地；对研究皖中地域文化具有较为重要的历史、科学和艺术价值	皖中地区

1. 教育与科举——皖中地区重视教育的典范

科举是桐城文化影响深远的重要基础，士大夫文化的三个核心特征之一（科举、宗族、土地），皖中地区重视教育的典范。

（1）科举人数

世家大族的兴盛为桐城带来了浓厚的读书风和尊师重教之风，"通衢曲巷，夜半诵书声不绝"。桐城科举考试，明清两代，中进士者235人，中贡士509人，中举人达793人，区区一县，五百年间，得举人、进士千余人（表3-4）。

明清两代进士对比情况　　　　　　　　　表3-4

府县	桐城县	苏州府
明清两代进士人数	233	1861
人口数	432796	3305584

续表

府县	桐城县	苏州府
人口资料来源	《同治桐城县志》	《乾隆大清一统志》
人口统计时间	乾隆八年（1743年）	乾隆年间

（2）北京城的桐城试馆

清朝文华殿大学士张英将其位于北京前门西城根的三进平房的四合院改建为桐城试馆。

在北京这样的都会名区、五方士商辐辏之地，用"桐城"立馆，以试冠名，强化了桐城文化的独特性。

（3）较为完整的教育体系

桐城文庙是江淮之间规模最大、保存最为完好的祭祀孔子的礼制性建筑群；桐城书院众多，教育、研讨兼顾（表3–5）。

桐城六大书院建立概况　　　　　　　　　　　　　　　　　　表3-5

名城	地点	时间	创办人
毓秀书院	城内儒学之南	清乾隆末年	邑人张若瀛
培文书院	明代桐城书院旧址	清嘉庆二十五年（1820年）	县令高攀桂捐资
天城书院	明代社学故址，今安徽省天城中学校址	清道光六年（1826年）	乡人议建书院
白鹤峰书院	原枞阳镇文昌阁旁，今枞阳县防血站址	清嘉庆二十三年（1818年）	知县吕荣与乡民
丰乐书院	县东乡汤家沟镇	清道光二十五年（1846年）	知县史丙荣
桐乡书院	孔城镇中街	清道光二十年（1840年）	戴均衡等

（4）讲学风气盛行

从刘大櫆算起，桐城文派作家在书院中讲学的人数，有案可查的近百人，且桐城文派各阶段的代表人物都与桐城讲学有着或深或浅的渊源（表3–6）。

桐城名家外地讲学书院　　　　　　　　　　　　　　　　　　表3-6

主讲人	书院名称
姚鼐、叶酉	江宁中山书院
姚鼐、梅曾亮	扬州梅花书院
刘大櫆、沈廷芳等	安庆敬敷书院
吴汝纶、张裕钊、贺涛	保定莲花书院
王灼、方东树	祁门东山书院
吕璜、王拯	桂林经古书院
吕璜、朱琦	桂林秀峰书院

（5）现存历史文化遗存

以文庙为中心的格局、较为完整的教育体系、文庙、讲学园、九间楼、桐城中学、水芹菜地、桐城商务印书馆。

2. 文学与艺术

明清时期，桐城文教发达，名儒硕学众多，人才密集，形成庞大的知识分子队伍（表3-7），从而使桐城文人学者在理学、考据学、古文、诗歌等诸多方面多有建树。近现代的吴汝纶、方东美、朱光潜等学者，将桐城名儒的学术、艺术成就进一步发扬光大。如罗哲文所言："想过去冠盖满京华文章甲天下；看今朝人文重崛起再度领风骚"。

现存历史文化遗存：方以智故居、姚莹故居、姚元之旧馆、朱光潜故居、方鸿寿故居、叶丁易故居、告春及轩、讲学园、惜抱轩银杏、半山阁、九间楼。

桐城名儒概况　　　　　　　　　　　　表3-7

分类		代表人物	朝代	代表作及影响
桐城学派	汉学	方以智	明、清	《通雅》
		钱澄之	明、清	《易学》、《诗学》、《庄屈合诂》
	理学	方学渐	明	《易蠡》、《心学宗》、《迩训》
		方东树	清	《汉学商兑》、《仪卫轩文集》
	史地学	戴名世	明	《南山集》
		张廷玉	清	《明史》
		方苞	清	《大清一统志》
		姚莹	清	《东槎纪略》、《康輶纪行》
	科技	方以智		《物理小识》
		方中通	明、清	《数度衍》
桐城文派		方苞	清	《狱中杂记》、《左忠毅公逸事》
		刘大櫆	清	《海峰先生文集》、《论文偶记》
		姚鼐	清	《惜抱轩全集》、《古文辞类纂》
桐城诗派		姚范	清	《授鹑堂诗集》
		方文	清	《嵞山集》
桐城画派		李公麟	清	《五马图》、《龙眠山庄图》
		姚文燮	清	《赐金园图》、《山水册页》

3. 德行与宗族

（1）在"冠盖满京华"且分布全国的士人官宦之宦迹政声的影响下，桐城人形成不凡的精神气质和处世态度，突出表现在四个方面——仁、廉、忠、义。

（2）重"礼"与经世致用

桐城文化具有了维护社会道德的强烈色彩，桐城文人认为以程朱理学为基础的道德信仰是社会须臾不可离的精神支柱。

经世致用是桐城文人普遍持有的治学态度，桐城文人大多心系国家兴衰荣辱、关怀百姓生存疾苦。

（3）宗族的重要作用

桐城文化中士文化形成的重要基础是当地名人辈出的宗族。

《桐城续修县志》记载："城中皆世族列居"。城内历史上曾有张、姚、马、左、方等大姓基于宗族的文人师承，使桐城文化得以传承、积淀，并通过科举、参政、讲学、德化，影响明清时期全国政治和文化格局，并延续至今。

（4）现存历史文化遗存

张氏宰相府（现仅存百花村一院）、世族大屋、方以智故居、姚莹故居、吴越故居、潘缙华故居、左家大屋、方家大屋、钱家大屋、吴氏旧宅、左忠毅公祠、赵氏宗祠。

3.4.3　桐城传统民居

这是皖中传统民居规模最为典型、最为集中的片区，安徽地处中国南北交界地区，其民居特点受中国南北方文化影响交融。

1. 皖南地区

马头墙层叠错落，内部以天井、内院组织空间，砖雕、木雕、石雕精美绝伦，体现徽商文化（图3-11）。

代表聚落：宏村、西递。

2. 皖中地区

在建筑特色上融合了皖南民居和皖北民居的特点，形成它"朴实雅洁"的独特风格。既有江南民居的精细，又有北方民居的简洁大气（图3-12）。

代表聚落：桐城老街、合肥三河古镇。

3. 皖北地区

硬山屋顶、坡度平缓，建筑结构多为抬梁式，有别于皖南民居的穿斗式结构，墙面一般来说为清水墙面，建筑风格并不明显（图3-13）。

4. 世家大屋

多采用围合的院落，正房坐北向南，左右有东西厢房，围绕中间庭院形成一进院落。

庭院以小尺寸天井为主，部分建筑亦采用北房式较为宽敞院落。部分大屋有多进、多路，但布局较为灵活，不完全受中轴线约束。部分大屋配有园林。屋顶为四水归堂形式，正房与厢房屋顶直接相交（图3-14）。

5. 明清店铺

前店后商式院落狭长、进深较大，以窄边临街；另存在带状连续沿街商铺建筑，下商上住，共用承重山墙（图3-15）。

图3-11　皖南建筑

图3-12　皖中建筑

图3-13　皖北建筑

图3-14　世家大屋屋顶形式

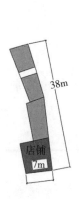

林志成杂货店

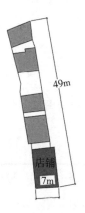

马氏济生堂

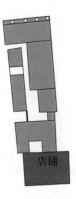

叶氏茶馆

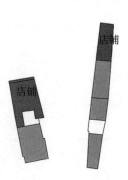

徐翔凤酱坊　　张氏染坊　　图3-15　店铺平面布局

3.4.4　建筑结构特点

1. 大木作

抬梁式多用于明间梁架，穿斗式用于次间或山面，解决了手工作坊需要较大的操作空间与民居本身空间狭小之间的矛盾。屋架举折、正脊起翘均不明显（图3-16）。

2. 砖、石作

构造方式为空斗墙，立砖砌筑，勾缝清晰，中间空心用泥土杂物填实而成。

外墙所用材料为小青砖，300毫米×150毫米×20毫米；其砌筑方法是：①在槛窗以下为实心，槛窗以上为空斗；②门面两侧山墙伸出檐柱外，山墙侧的上身墙处，墙侧砖砌墀头逐级承挑至檐檩。

山墙直接承重，檩条置于山墙上，山墙内无柱子。

山墙以齐檐封火墙为主，部分采用马头墙形式（图3-17）。

3. 瓦作

主要正房屋面以双坡为主，厢房或敞廊以单坡为主。瓦面为小青瓦屋面，盖瓦压四露一。

屋面做法：①70毫米×50毫米木椽，断面为半圆形；②30毫米厚望板（有的建筑没有此构造层）；③小青瓦合瓦屋面（图3-18）。

4. 小木作

门窗、隔断、天花、栏杆、挂落等木构件的造型较简单，个别规模较大民居也有做工精致的门窗。极少见到类似于皖南民居中手法细腻、雕琢精美的木雕、石雕与砖雕。

图3-16　大木作剖面

图3-17　山墙

商业建筑主要使用板门，商店门旁用槛框、安腰坊、柱上装腰门，坊下压揽板，取出腰门和拦板便露出一层沿街商业空间。

门罩砖雕简朴，艺术装饰较苏式和徽式简朴，体现了桐城民居不同于苏式和徽式而具有独有的特色（图3-19）。

图3-18　瓦作

图3-19　小木作

3.5　选址及原因

经实地调研发现，皖中清代大屋民居大多聚集于城市历史街巷内，很少在郊区散布或独立出现。如桐城"三街一巷"、三河镇内古街道、寿县留犊祠巷等城市内历史街巷，皆是皖中清代大屋民居的聚集地。究其原因，可从地理气候、社会文化、堪舆意念等三方面进行研究。

地理气候方面，皖中地区地处平原地带，地势平坦，便于大型民居类建筑成群修建；地方气候四季分明，多雨湿润，由于城市街巷内的排水等设施更为完备，可有效避免旱涝等灾害，因此大屋民居大多选择建于城市街巷中；同时南方民居所需要的防潮、防热等特性在街巷内更易得到实现。

社会文化方面，皖中地区属于汉族社会聚集地带及中原文化开化区域，明初靠近中央首都，甚至皖中桐城等地曾直接隶属于南直隶，故得文风开化之先，当地居民重视道德纲常、重视文化教育、重视氏族血缘关系，且明代大量来自皖南、江西等徽州移民拥有与皖中相同的重纲常、重血缘的认知共识，故当地居民大多多代聚集而居；而大屋民居的建造及拥有者均为地方乡绅名士，其个人或者家族在当地拥有很高的名望和权利，在资金和人工都相对充裕的支持下，氏家大族更趋向于选择靠近政治（县衙等）或文化（文庙等）中心的城内街巷修建大屋而居，以彰显家族威望，同时表达光宗耀祖之心。

　　堪舆意念方面，与其他中原汉族文化对于堪舆原则的推崇相似，皖中居民同样认为气的变化是万物生成之源，物化的现象是气化的结果，而随着方位地势不同，气化状况不同，人的健康寿命也就殊异。因此气的运行始终皆借水的推动，水则成为居住地的血脉，山则成为气外在形式的表露，前水后山是构成聚气宜居之地的重要形态因素。故皖中清代大屋民居选址同样倾向于选取山水汇聚、藏风得水之地。但是，由于皖中地区城市街巷内难以取得山水等自然因素，从而只能因地制宜寻找代替物，在意念的更高层次寻求心理的满足感，故皖中清代大屋民居通常采用的象征物是以街巷走向作为水的流向，以后倚的房屋为山，以满足堪舆意象合理的目的。

　　本书以皖中清代大屋民居聚集地桐城地区"三街一巷"历史街区作为主要研究对象。"三街一巷"历史街区位于文昌街道，坐落于桐城市老城区北边，起于宋、兴于明清；自明初至清末，一直是文人名士的聚集居住之地。主街道一条，东西走向，宽约4米。街道两侧多为明清建筑，均为砖木结构，采用穿斗抬梁混合式木构架形式，居宅深院，高墙壁垒，错落有致，建筑格调古朴高雅，简洁大方。因而桐城"三街一巷"历史街区聚集了众多清代建造的具有典型皖中地域特征的大屋民居，是科学、深入地研究皖中清代大屋民居的良好样本。在实际测绘修缮工程项目中，选取桐城"三街一巷"历史街区北大街内的姚莹故居、方以智故居、钱家大屋、左家大屋、方家大屋、方鸿寿故居等六处历史脉络清楚、格局形式完整、营造体系清晰的典型大屋民居作为重点研究样本（图3-20），以达到较为客观、准确地对皖中清代大屋民居进行归纳梳理之目的（表3-8）。

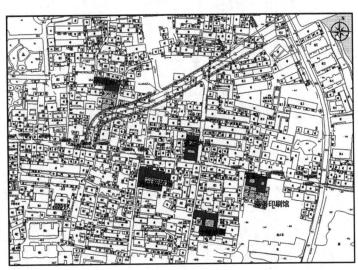

图3-20　桐城"三街一巷"北大街
典型大屋民居分布示意图
（图片来源：作者整理、自绘）

桐城"三街一巷"大屋民居简介　　　　　　　表3-8

建筑名称	保护级别	建筑位置	建筑年代	建筑层数	建筑结构	建筑面积	建筑格局	现状照片
姚莹故居	省级文保单位	北大街寺巷8号	清代	地上一层	砖木结构	468平方米	大门向东，由寺巷出入。整体建筑为一处完整的四合院，前后进为五开间一层，两侧为厢房。东侧有家庙，三开间，尚存。西侧另有房屋三开间一层	
方以智故居	市级文保单位	北大街寺巷33号	明代建造清代修复	地上一层	砖木结构	574平方米	大门在西侧新巷。主体现存三进，前进五开间，中进三开间，后进八开间二层。东侧脚屋一进二层，西侧脚屋二进一层	
钱家大屋	市级文保单位	北大街60~66号	清代	地上二层	砖木结构	462平方米	东邻五显巷，三进五开间，前进为二层，东西各附厢房，东西各为封火墙	
左家大屋	市级文保单位	北大街13号	清代	地上一层	砖木结构	609平方米	东与方家大屋毗邻。四开间合院格局。西南处设有一部楼梯	
方家大屋（现商务印刷馆）	市级文保单位	北大街11号	清代	地上二层	砖木结构	230平方米	三开间二进二层，东西有厢房，中为四合院，后院古井尚存。后进过堂有障日板	
方鸿寿故居	市级文保单位	北大街讲学园巷13号	清代	地上一层	砖木结构	253平方米	东边一进五开间二层，前后有院落。西侧有三开间脚屋	

（资料来源：作者整理、自摄）

3.6　院落形态分类

安徽地区位于中国南方，皖中民居应归属于南方传统民居院落体系，在院落形态上同皖南、江西等地的徽州民居相似。因为地方皖江文化对道德纲常和血缘宗亲的认同与尊重，加之文人名士性格中的谦逊和对于世外桃源之向往，皖中清代大屋民居有强烈的封闭性和内向性，大多以合院或者封闭式院落等形式出现。

根据实地勘测与调研，对皖中桐城、肥西、合肥、寿县等地区内的大量清代时期建造或修复的大屋民居院落形态进行数量与形态统计，综合考虑大屋民居内各房屋位置、功能用途等与其院落间关系、建筑群内各独立建筑间形成的封闭与开放关系、影响大屋民居形态的文化与血缘宗亲关系，细化总结归类，可将皖中清代大屋民居院落形态分为主轴单进合院、主轴多进合院、穿枋树列式多进院、中心合院发散式院落群等四种院落形式（表3-9）。

皖中清代大屋民居院落形态分类　　　　　　　　　　　　表3-9

院落类型	定义	实例及特征	形态示意图及现状照片
主轴单进合院	以正房、堂屋等重要功能的序列设置作为大屋民居主轴线，并通过厢房、连廊、墙垣等与之围合而成的单一院落形式	左家大屋，桐城左氏大族的家族居所，由族人左简成所建于清代。该大屋面北背南，形制规整，四开间二层合院，左家大屋通过正房、堂屋等重要功能用房序列设置形成明显的院落居中轴线，一、二进间东西两侧通过二层厢房与主轴线上建筑相连接，中间为庭院，西侧厢房内设一直跑楼梯，可直达一进二层；形成内向的封闭体系	

续表

院落类型	定义	实例及特征	形态示意图及现状照片
主轴多进合院	以正房、堂屋、过厅等重要功能的序列设置作为大屋民居主轴线，并通过厢房、连廊、墙垣等与之围合而成的多进院落形式	钱家大屋，桐城钱氏大族的家族居所，又名"尚书钱氏旧宅"，建于清代，后因家道中落，大屋卖给朱氏家族。 该大屋面南背北，形制规整，三进五开间合院，钱家大屋通过商铺、正房、堂屋、过厅等重要功能用房序列设置形成明显的院落居中轴线，主入口设在沿路北侧，其中，第一进为五开间二层商铺；一、二间东西两侧通过厢房与主轴线上建筑相连接，中间为庭院，厢房内各设一直跑楼梯，可直达一进二层；第二进为五开间房屋，明间为过道；二、三进间东西两侧通过厢房与主轴线上建筑相连接，中间为庭院；第三进为五开间房屋，明间为堂屋。各进间自有院落，形成统一内向封闭体系，并具有前店后宅之特点	
穿枋树列式多进院	以脚屋作为大屋民居院落连接主干，在其一侧或两侧布置正房、堂屋、过厅等重要功能用房而构成的多进院落形式	方以智故居，桐城方氏大族的家族居所，因曾居明代哲学家、科学家方以智而得此名，建于明代，修复于清代。 该大屋面南背北，形制规整，三进院落，有明显轴线关系，以西侧脚屋作为方以智故居连接主干，在其东侧有序布置正房、堂屋、过厅等重要功能用房。其中，前两进五开间建筑，第三进为八开间二层建筑，后进院东西各附厢房，每进间以院落形成一封闭体系；院落东侧有私家花园"潇洒园"，各进院落分别设置出入口可连通此园。各建筑间相互连接贯通且相对独立，建筑群与私家花园有机结合	

续表

院落类型	定义	实例及特征	形态示意图及现状照片 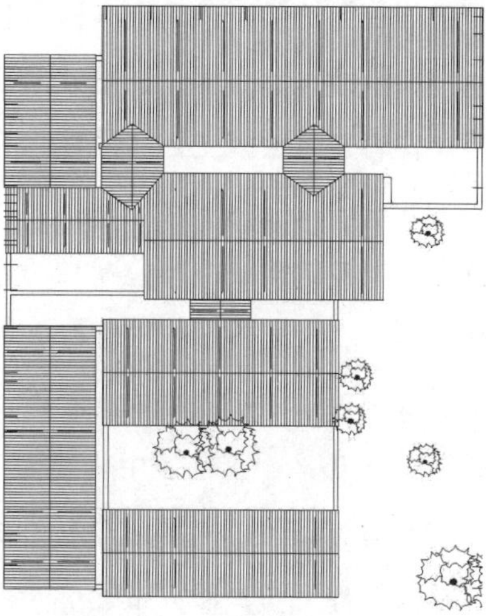
中心合院发散式院落群	以主体合院作为大屋民居院落群中心,在其四周发展并建造配套或相关房屋而形成的发散式院落形式,此类型多为家族多代共居而衍生出的特殊形式	姚莹故居,桐城姚氏大族的家族居所,因曾居抗英名士、桐城派代表作家姚莹而得此名,建于清代。该大屋面南背北,形制规整,有明显轴线,中心发散串列式院落组合。姚莹故居现存建筑群以一个前后进五开间单进四合院为中心主体,其周边分别发散式建有西侧三开间、东侧二开间、南侧六开间建筑各作为一个家族子孙居住或相关配套用房。院落群中心主体合院与周边其他建筑相互连接贯通,同时各建筑间也可相对独立使用,形成整体封闭、内部开放的围合体系,是典型家族多代共居式院落	 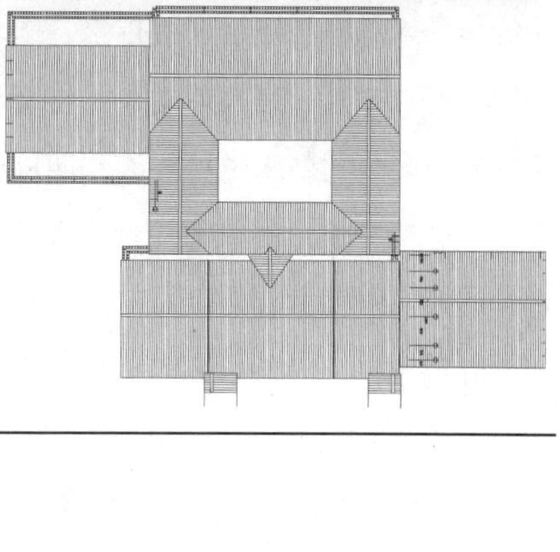

（资料来源：作者整理、自绘、自摄）

3.7　大屋民居格局特点

皖中清代大屋民居其格局特点上,既有中国南方传统民居中类似于轴线居中、四水归堂的通用特征,还有内向封闭采光、设置祭祖堂屋等皖中地区特有格局形式,更有前店后宅等功能影响格局的变化特征。究其本质应是中国传统礼制观念影响、地方文化及周边文化相互作用、功能改变催化变革等三个原因。

3.7.1　中轴线院落的布置方式

中国社会长久以来是依靠科举制度维系的封建社会，中国封建社会意识形态里，三纲五常等礼教是其重要的核心要义。中国古建筑大多受到"周礼"等思想影响，建筑群在形式上尊重秩序，强调主次关系，因此中国传统建筑布局方式通常是主要建筑按其重要程度和功能特征有序排列，进而形成居中轴线；次要建筑位于轴线上主要建筑的两侧，从而形成辅助配套关系的布置方式。同样，皖中清代大屋民居遵守礼教形式，几乎都有明显中轴线引导建筑秩序，常以厅堂、过厅、堂屋等重要房屋贯穿整个轴线，祭祖堂屋作为大屋民居的核心精神空间，通常布置于大屋主轴线上最后一进正房明间处，以彰显宗亲血缘关系在氏家大族宅第中的重要性。中轴线院落的布置方式是皖中清代大屋民居对中国传统礼制观念尊重的集中表现（图3-21）。

3.7.2　"四水归堂"式的屋面形式

属于中国南方民居的皖中清代大屋民居，其合院围合而成的天井通常较小，天井四周房屋或连廊屋顶多采用斜向内

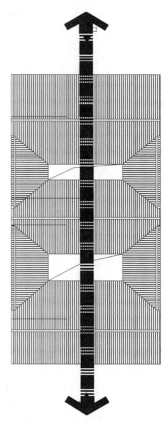

图3-21　皖中大屋轴线关系
（图片来源：作者自绘）

侧的单面或双面坡屋顶进行排水，雨水可通过此种屋面形式，交汇并集中流向天井。此种做法原因有二：其一是大屋主人可将交汇流入天井的雨水收集存在天井内大缸中以供食用与饮用，同时多余的雨水也可经天井四周通畅的沟渠排至院外；其二是中国传统民居，尤其是南方民居，通常将这种依靠屋面汇集雨水于天井的方法称为"四水归堂"，有肥水不外流之寓意，体现了中国古代人民对于劳动财富珍惜的意象，是皖中地区氏家大族认为可为其家族带来兴旺的象征。"四水归堂"式的屋面形式是皖中清代大屋民居作为中国南方传统民居的特征表现（图3-22）。

3.7.3　"对外封闭、对内开放"式的采光模式

皖中清代大屋民居具有强烈的封闭性和内向性，即使家族式大屋建筑群中的各建筑对内相互关联开放，但是与外界之间依然会有明确的边界限定，这种表现来源于皖中地区氏家大族对于家族概念的具象表达，以及自古文人雅士自身对于世外桃源式独立生活的向往趋向。故皖中清代大屋民居大多采用依靠建筑和墙垣所围合而成合院的封闭内向体系，除设有必要的出入口或在沿街商铺处开设门窗外，对外很少开设门窗，其中最具代表性的是皖中清代大

屋民居的山墙处，由于受到礼教传统等限制，大屋山墙侧几乎不会开设门窗（图3-23）。与之相反的是，大屋合院内侧的正房、厢房等房屋则开设大量门窗，并带有浓郁文人气息的精美雕饰，甚至出现了大面积隔扇门设置于合院天井周围房屋的做法（图3-24）。因此尽管皖中清代大屋民居对外少有开窗，但是由于内部门窗的设置，同样可以获得良好的采光及通风效果。此种对外封闭、对内开放的设置方式，使得皖中清代大屋民居所尊崇的道德纲常得到体现，同时也是文人雅士对于文化及财富内敛与谦虚的表达。此外这种设置在采光及通风条件得到保证的情况下，也起到了防潮、防热、防盗等实际效果。"对外封闭、对内开放"式的采光模式是皖中清代大屋民居对当地文化性格的特定应用。

图3-22　皖中清代大屋"四水归堂"屋面形式
（图片来源：作者自摄）

图3-23　封闭室外山墙
（图片来源：作者自摄）

图3-24　开放室内庭院
（图片来源：作者自摄）

3.7.4　祭祖堂屋的设置

皖中地区和中原汉族文化影响下的其他地区相似，有着强烈的道德纲常和氏族宗亲血缘观念；因受到明代南直隶重科举、重文风的影响，进一步强化了的明代理学中纲常伦理观念在皖中地区人民思想中的认同感。综合以上原因，氏家大族大多多代共居于同一大屋宅第或建筑群落内，尊重祖先、长幼有序的家族观念强烈，自古留有祭拜祖先或先人的家族传统，因此，皖中氏家大族大多会在其大屋民居的正房明间位置设有开敞堂屋，以作祭拜祖先之用。选取大屋的重要位置正房明间作为堂屋，表明祭祖堂屋是大屋民居的核心精神空间，凸显皖中地区氏家大族对于祖先和纲常的尊重，同时，祭祖堂屋设置于大屋民居内，可起到增强家族归属感和氏族法理性的作用。祭祖堂屋的设置是皖中清代大屋民居对地方氏族观念认同的物化体现（图3-25）。

3.7.5 "前店后宅"的商住模式

中国作为历史悠久的封建国家，数千年来一直奉行着重农轻商的经济政策，商业发展较为缓慢，清代中后期，随着商业思想的逐渐传播，在中国各地，尤其是南方地区，不断出现各种新型商业模式。皖中清代大屋民居集中于城市街巷中，因考虑前水后山等意念因素，将街巷走向作为水的流向，使大屋民居大多面向街巷并在此处设置主要出入口，从而客观上形成良好的沿街商业环境基础。清代中后期，相当数量的皖中地区乡绅名士商业思想逐渐开放，部分当地氏家大族开始经营家族生意，出现了将大屋宅第靠近街巷一侧部分开放作为商铺等商业之用，其他非沿街房屋则继续作为居住之用的现象，从而在皖中地区氏家大族宅第中形成全新的建筑功能形式，即可称之为"前店后宅"式的商住模式，此模式对大屋形式变革产生了重要影响。"前店后宅"的商住模式是皖中清代大屋民居因功能变化影响格局形式的具体表现（图3-26）。

3.8 空间要素构成

皖中清代大屋民居尽管空间要素构成多样，但是其类型明确有序，根据不同的空间要素进行分类并逐类分析，可将大屋民居各空间以功能、位置、文化进行梳理，从而可科学直观地理解大屋民居各空间特性及文化内涵，同时也可从内部微观元素构成上，解析大屋民居院落形成的关系及原因。经调研发现，皖中清代大屋民居建筑层次分明，主次关系明确，明暗相间，开敞与封闭并存，体现了中国传统民居的对立统一原则及建筑布局的封闭性和内向性特征。

本研究以典型皖中清代大屋民居——钱家大屋为例，根据钱家大屋内各空间的功能、位置、文化的不同，将其按照主体空间、附属空间、户外空间、交通空间等四种空间要素进行

图3-25　姚莹故居祭祖堂屋
（照片来源：作者自摄）

图3-26　钱家大屋南面店铺
（照片来源：作者自摄）

分类并分析。在这4种空间要素构成中，相当数量的元素同时属于多个空间要素类别，产生交叉并行关系，这一现象也表明，皖中清代大屋民居的空间关系相互叠加、功能相互渗透，从而确定大屋民居是一种虚实交汇的空间组合形态。

3.8.1　主体空间

主体空间可概述为皖中清代大屋民居中的空间核心组成部分，该空间要素应符合中轴位置、功能重要、文化内涵丰富这三点原则中的其中一项或多项条件，从而达到对整个大屋民居起到引领主旨的作用，支撑氏家大族宅第功能与精神层面的脉络。根据定义，皖中清代大屋民居的主体空间可归纳为商铺、过厅、堂屋、正房等四部分，从而构成了氏家大族宅第的核心空间要素（表3-10）。

皖中清代大屋民居主体空间要素分类　　　　　　　表3-10

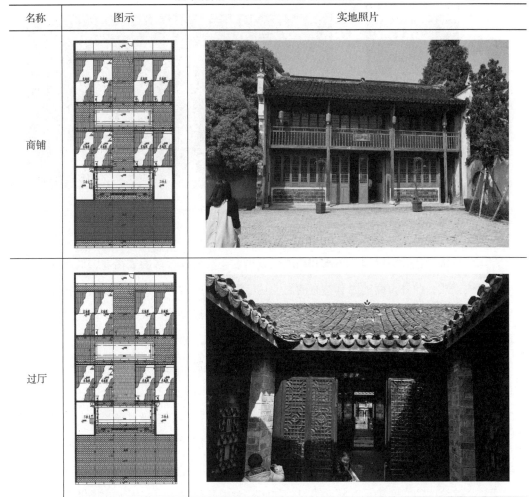

名称	图示	实地照片
商铺		
过厅		

续表

名称	图示	实地照片
堂屋	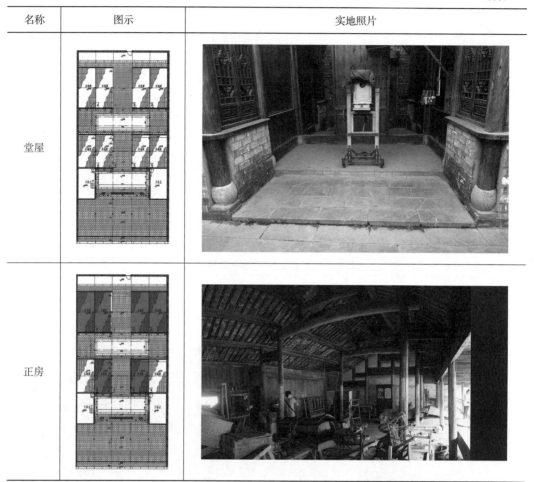	
正房		

（资料来源：作者整理、自绘、自摄）

　　商铺，皖中清代大屋民居从风水和功能因素出发，其商铺大多面朝街巷，形成的"前店后宅"商住模式；此外，商铺因其特有的商业功能需求，通常形制规整且使用空间较大，故大屋民居的商铺大多占据建筑群临街巷侧全部空间，形制规整且位于宅第主轴线之上。因此商铺空间所处位置非常重要，起到了引领轴线和与街巷交流的作用。同时，依靠清代商业思想的不断开化，家族商业在皖中地区乡绅名士家族中的位置日趋重要，从而商铺空间在皖中清代大屋民居中兼具重要的功能作用。

　　过厅，皖中清代大屋民居多进合院内的交通交互空间，起到连接贯穿整个大屋民居的作用。通常位于大屋中间进房屋的明间处，坐落于宅第建筑群主轴线之上，在皖中清代大屋民居中所处位置至关重要。过厅空间的存在使大屋民居的内部空间可以相互开放流通，有秩序地激活整个院落内的空间关系，从而为对外封闭、对内开放的大屋空间形式提供了条件。

堂屋，是皖中地区氏家大族在家中拜祭祖先的仪式场所，是地方皖江文化在其大屋民居中影响空间形式的集中体现。堂屋通常位于大屋最后一进的明间处，坐落于宅第建筑群主轴线之上。所处院落最重要位置的堂屋空间，其祭拜仪式性空间功能在整个氏家大族宅第中具有主旨性和唯一性，是皖中清代大屋民居的精神文化核心空间。

正房，皖中清代大屋民居的主要功能用房，承担了家族居住、会客等重要功能，包括客厅、主人卧室等具体细化空间。正房通常位于大屋合院内正方向主要位置处，坐落于宅第建筑群主轴线两侧。根据功能和等级的需要，正房形制规整、有序，正房空间的存在使整个大屋具有了强烈的功能性，重要的位置和整齐有序的格局形制，无不凸显了正房在氏家大族宅第中的重要性，是皖中清代大屋民居的核心功能承载空间。

3.8.2　附属空间

附属空间可概述为皖中清代大屋民居中的辅助主体空间使用的相关配套空间部分，该空间要素常安置于主体空间周边或院落其他边缘位置，附属空间多作为连接、贮藏、休憩等辅助功能用房，从而达到配合整个大屋民居功能完整和院落封闭的双重目的，因此附属空间在氏家大族宅第中同样拥有相当重要的作用。根据定义，在皖中清代大屋民居的附属空间可归纳为厢房、尽间、连廊3部分，从而构成了氏家大族宅第的附属空间要素（表3-11）。

厢房，皖中清代大屋民居合院建筑的非主要功能性用房，同时起到了合院院落的连接围合作用，通常位于大屋两进间两翼围合部位，大多承担了贮藏、交通、厨卫等辅助功能。厢房与主体空间正房间具有非常紧密的连接关系，为符合院落整体布局要求，顺应正房格局形制且利用内向采光，厢房格局也大多形制规整。

皖中清代大屋民居附属空间要素分类　　　　表3-11

名称	图示	实地照片
厢房		

续表

名称	图示	实地照片
尽间	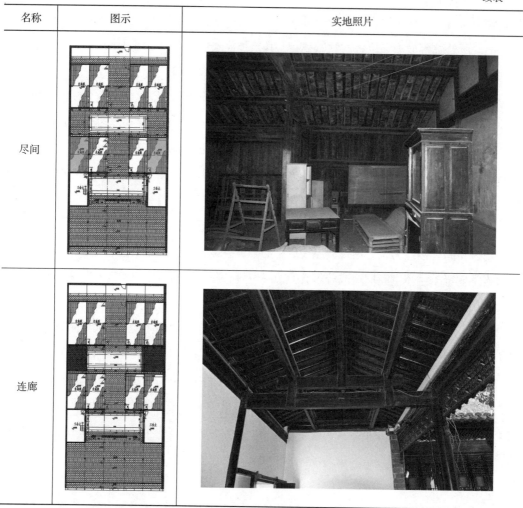	
连廊		

（资料来源：作者整理、自绘、自摄）

尽间，皖中清代大屋民居的辅助用功能空间，通常位于正房两边，与明间、次间等主体空间和厢房、连廊等附属空间相连接，可作为客房等临时性用房进行使用，使合院内的边缘空间得到充分利用。因处于夹角位置，通常缺乏直接门窗采光，采光水平受到限制，在皖中地区氏家大族宅第中的尽间内，发现亮瓦设置，可一定程度上增加室内采光。

连廊，皖中清代大屋民居合院的半开放附属空间，同时还起到了连接围合合院的作用，通常位于大屋两进间两翼围合部位，大屋合院内的连廊可作为院内室外休憩和趣味观赏的功能性辅助用房，以配合补充氏家大族宅第功能的多样性。

3.8.3　户外空间

户外空间可概述为皖中清代大屋民居中非封闭围合的相关开敞空间部分，该空间要素常安置于主体空间与附属空间之间或之中的相关露天位置，户外空间多作为连接、休憩、仪式等开放功能用地，从而达到大屋民居所崇尚的虚实结合的目的，因此户外空间是氏家大族宅第格局布置的典型手法。根据定义，在皖中清代大屋民居的户外空间可归纳为天井、过厅、连廊、堂屋四部分，从而构成了氏家大族宅第的户外空间要素（表3-12）。

天井，皖中清代大屋民居合院中通过房屋围合而成的户外空间，通常位于正房与厢房、连廊的中间位置，功能可用作收集雨水、景观观赏等之用。同时，在对外封闭设置的皖中大屋中，天井的加入，可以使合院的内部从而获得良好的采光和通风条件，以便保证皖中大屋外向封闭、内向采光。

皖中清代大屋民居户外空间要素分类　　　　　　　　　　表3-12

名称	图示	实地照片
天井	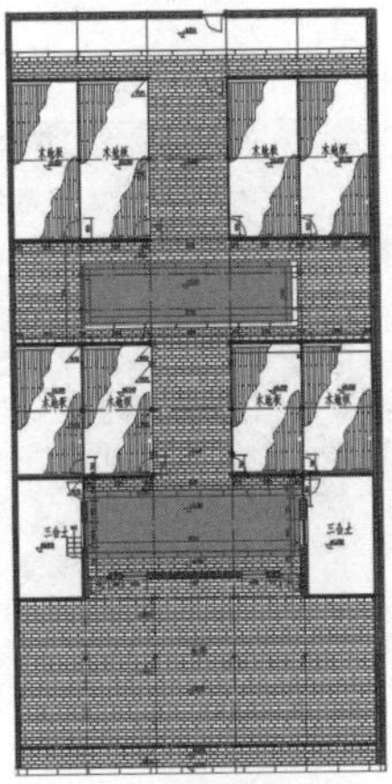	
过厅	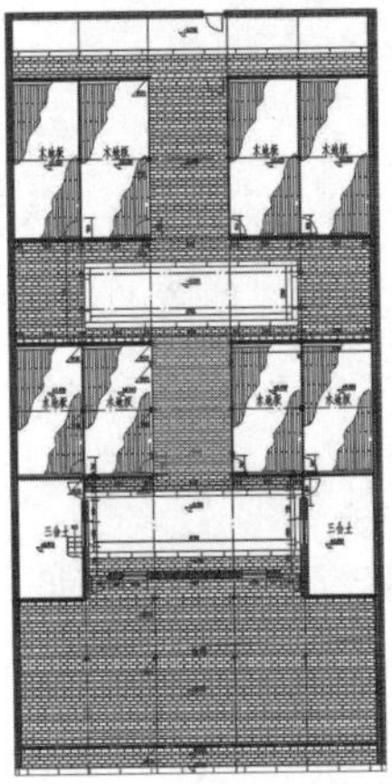	

续表

名称	图示	实地照片
连廊	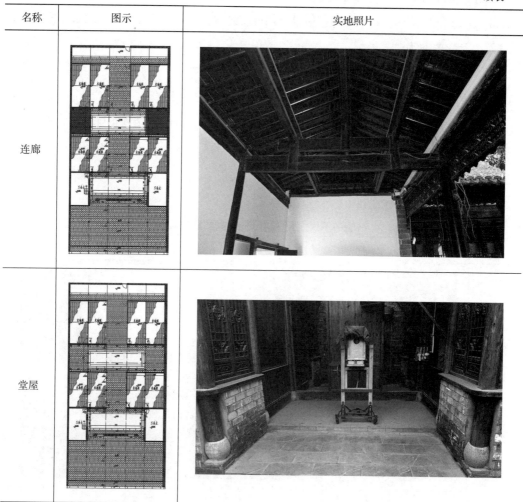	
堂屋		

（资料来源：作者整理、自绘、自摄）

过厅，皖中清代大屋民居多进式合院内的半开放户外连接空间，通常位于大屋合院中间进的明间处，坐落于宅第建筑群主轴线之上。凭借所处院落格局重要位置的过厅空间，从而在大屋民居内部形成了竖向遮蔽、水平开敞的半开放交通空间，增强了氏家大族宅第内的空间虚实对比关系，为皖中清代大屋民居内部的流动性起到了至关重要的作用。

连廊，皖中清代大屋民居合院内的半开放户外空间，通常位于大屋两进间两翼围合部位。连廊空间使天井的通透性得到逐渐延伸，从而形成天井、连廊、墙垣组成的由虚至实的过渡关系，同时也是对大屋民居内观赏类户外空间天井的形态补充。

堂屋，皖中清代大屋民居的重要仪式性空间，堂屋通常位于大屋最后一进的明间处，坐落于宅第建筑群主轴线之上。在皖中地区氏家大族宅第中，堂屋大多为开敞的半封闭空间，其形式是依靠屋顶遮蔽，后侧设有合院用墙体进行封闭，前侧朝向天井并开敞通透。将堂屋设计为半开敞式，是希望堂屋空间与天井等完全院内户外空间相融合，从而将天井作为堂屋的有效补充，使空间产生强烈的延续性，以便达到扩展祭拜空间仪式感和庄严感之目的。

3.8.4　交通空间

交通空间可概述为皖中清代大屋民居中连接其他各空间的关联空间部分，该空间要素常安置于各房屋或区域之间或之内的相关接触位置，以便完成院落内各空间交互流通的目的，因此交通空间在氏家大族宅第中拥有强烈的不可代替性。根据定义，在皖中清代大屋民居的户外空间可归纳为天井、过厅、连廊、楼梯四部分，构成了氏家大族宅第的交通空间要素（表3–13）。

皖中清代大屋民居交通空间要素分类　　　　　　　表3–13

名称	图示	实地照片
天井	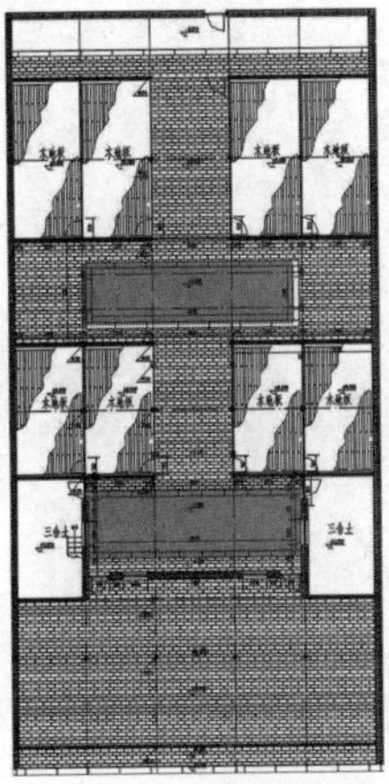	
过厅	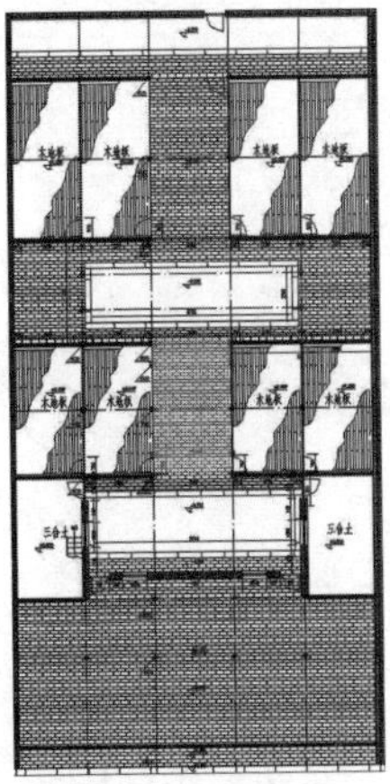	

续表

名称	图示	实地照片
连廊	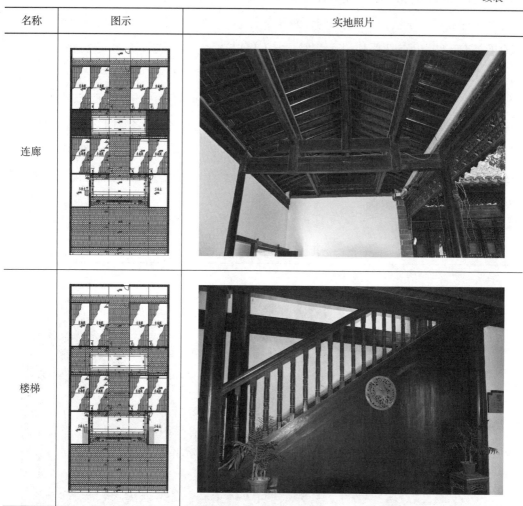	
楼梯		

（资料来源：作者整理、自绘、自摄）

　　不难发现，皖中清代大屋民居中的交通空间与户外空间有很大的重复性，因此更加印证了皖中地区氏家大族宅第崇尚内部空间相互交流开放的格局模式。

　　天井，皖中清代大屋民居合院内的完全户外空间，位于宅第建筑群主轴线之上，皖中大屋大多形制规整且具有强烈的主轴线关系，因此天井是大屋民居内部穿行的必经交通空间。依靠天井，可完成院落内室内空间到室外空间的纵向交通连接。

　　过厅，皖中清代大屋民居合院内的半开放通道空间，位于大屋正房明间处，坐落于宅第建筑群主轴线之上。是院落内由室内封闭空间到室外开放空间的过渡空间，过厅的加入，使大屋民居内部的虚实对比关系更为紧密，从而完成皖中地区氏家大族宅第内的室内外间流通变化。

　　连廊，在皖中清代大屋民居内，除通过天井的轴线纵向交通流线外，还可以选择具有观赏趣味性的连廊进行院内穿行，使大屋内水平交通流线更为丰富，增加交通交流途径。

　　楼梯，多层皖中清代大屋民居的竖向唯一交通空间。部分大屋民居因为形制和功能的需要，多会设置二层正房，而楼梯作为唯一的交通工具，连通交换一、二层的空间关系，从而使上、下层间形成稳定的流动性。合院内，楼梯多设置于正房尽间或与正房连接的厢房处，在满足竖向交通功能需要的同时，也最大限度地合理利用了大屋的有限空间。

第4章 皖中清代大屋民居营造

营造是对建筑建造方式及构成的整体表达，通过对建筑营造的研究，可以以不同的研究方向和研究形式，准确地构建还原目标建筑的建造系统，从而科学全面地理解建筑的建造内涵和方式。通过对具体研究方法的改良优化，营造的研究方式同样适用于中国传统建筑，并可以借此科学有效地了解地方传统建筑在当时的建造方式、建造材料和建造特征，从而为完善中国传统建筑体系提供科学记录资料。现将皖中清代大屋民居按照营造体系和营造细部等两方面的营造研究进行总结及系统分析，科学地确立清时期皖中地区氏家大族宅第的建造系统，并按照当代建筑体系进行量化分类对比研究，从而为皖中清代大屋民居在中国传统民居体系中的归类总结和其他相关方面的研究提供有效的基础资料。

4.1 七处大屋建筑形制及结构特点

4.1.1 姚莹故居

姚莹故居位于桐城市北大街内，地势平坦。整个建筑面南背北形制规整，有明显的中轴线，系传统民居建筑，又具备浓厚的地方色彩。其为一完整的四合院，前后进为五开间一层，两侧为厢房。东侧两开间，西侧三开间，南侧六开间。四合院正房坐北朝南，硬山屋顶，与左右厢房形成中轴式院落建筑。姚莹故居山墙为青砖墙垒砌，继承了皖中地

图4-1 姚莹故居东墙立面图

区的传统做法，墙体下脚设有基础条石，上为空斗砌筑，略有收分（图4-1）。前后墙体为空斗结合大小木作构成。建筑主体结构为穿斗式结构。瓦面采用合瓦屋面做法，弧形片状的板瓦做底瓦，搭接采用压三露七做法，半圆形的筒瓦做盖瓦。故居为木构架穿斗式建筑，撑栱承檐，两坡屋面，青灰小瓦，"井"字形大方格木窗，饰以菱形图案，12间瓦房，前后进各5间，东西厢房各一间，前后左右对称排列。面积442.7平方米，用鹅卵石铺成"人"字形地面图案。

4.1.2 明县衙

桐城明县衙位于桐城市北大街内，地势平坦（图4-2）。整个建筑面南背北形制规整，

有明显的中轴线，系明代公共建筑，又具有浓厚的地方色彩。原状共分前后四进院，现一进保存完好，二进现存两间。

图4-2　明县衙院内古树

正堂坐北朝南，硬山屋顶，与前庭院形成中轴式院落建筑。桐城明县衙山墙为青砖墙垒砌，皖中地区的传统做法，墙体下脚设有基础条石，上为青砖砌筑空斗墙体，略有收分。前后墙体为砖墙结合大小木作构成。建筑主体结构为抬梁式结构，明间大堂为抬梁式（五架梁前轩后单步）、次间为穿枋树列式。明间前檐为轩（即卷棚造）。次间栈板隔壁、直棂隔栅。房屋整体举架较矮，梁柱较粗，内部构造简洁，椽与梁半榫式连接，瓦面做法采用合瓦屋面做法，弧形片状的板瓦做底瓦，搭接采用压七露三做法，半圆形的筒瓦做盖瓦，具典型明代建筑特征。

据省古建专家现场考察分析，该县衙建筑年代当在明代晚期。为安徽省此类古建筑所独有。

4.1.3　钱家大屋

钱家大屋又名"尚书钱氏旧宅"，为北大街保存较为完好、体量较大的典型传统建筑。整组建筑面南背北，形制规整，有明显的中轴线。整组建筑占地面积512平方米，建筑面积462平方米。

钱家大屋三进五开间，前进为两层，临北大街，穿枋树列式，东西各附厢房，每进间以院落形成一封闭体系。整座建筑青砖垒砌，小瓦屋面，雕花格子门窗，东西厢房外墙以封火墙的形式出现，屋面坡面分别向屋内侧倾斜，房屋规模较大，形成"四水汇明堂，肥水不外流"的建筑特色。具有前店后宅之特点（图4-3）。

建筑群共分前后三进院，前院由第一、第二进正房及之间东西厢房组成；后院由第二、第三进正房及之间东西厢房组成。三进正房坐北朝南，硬山屋顶，与左右厢房形成中轴式院落建筑。钱家大屋山墙为青砖垒砌，继承了皖中地区的传统做法，墙体下脚设有基础条石，上为空斗砌筑，略有收分。前后墙体为空斗结合大小木作构成。建筑主体结构为穿斗式结构。瓦面做法采用合瓦屋面做法，弧形片状的板瓦做底瓦，搭接采用压七露三做法。

图4-3　钱家大屋沿街立面

4.1.4　商务印书馆

商务印书馆位于桐城市北大街内，地势

平坦。整个建筑面北背南形制规整，有明显的中轴线，系传统民居建筑，又具备浓厚的地方色彩。共分前后两进院，前院由第一、第二进正房及之间东西厢房组成；后院由第二进正房及院落组成。坐南朝北，西与左氏住宅毗邻，三开间二进二层，占地面积230平方米，建筑面积230平方米，次间穿枋、明间抬梁树列式，中为四合院，后有院落，古井尚存。后进过堂上有格子障日板，东西侧用回廊相连，四周均有横枋承檐挑出，青砖墙壁，小瓦屋盖，前进西山墙窗户被左氏住宅封堵，说明方家住宅建于左氏住宅之前（图4-4）。

二进正房坐北朝南，悬山屋顶，与左右厢房形成中轴式院落建筑。商务印书馆山墙为青砖墙垒砌，继承了皖中地区的传统做法，墙体下脚设有基础条石，上为土坯砌筑，略有收分。前后墙体为砖墙结合大、小木作构成。瓦面做法采用合瓦屋面做法，搭接采用压七露三做法。

4.1.5　左家大屋

左家大屋处于桐城市北大街内，地势平坦。整个建筑地处老城交通要道北大街南侧，北面临街，其东、南、西三面均被其他建筑包围。由过道与高封火墙将东列房屋与中列、西列明显隔开。具有典型的徽州古民居建筑风格。共分前后两进院，北进与中进之间用回廊相连构成明堂，回廊四角枇杷衬均是45°朝院落中心方向承檐挑出。中进有一木楼梯上下，上为木板门窗（图4-5）。

三进正房坐南朝北，悬山屋顶，与左右厢房形成中轴式院落建筑。左家大屋山墙为青砖墙垒砌，小瓦屋盖，高封火墙。继承了皖中地区的传统做法，墙体下脚设有基础条石，上为空斗砌筑。前后墙体为空斗结合大小木作构成。建筑主体结构为穿斗式结构。瓦面做法采用合瓦屋面做法，弧形片状的板瓦做底瓦，搭接采用压三露七做法，半圆形的筒瓦做盖瓦。

4.1.6　方鸿寿故居

方鸿寿故居处于桐城市北大街讲学园巷13号，地势平坦。整个建筑面南背北形制规整，

图4-4　商务印书馆天井景观

图4-5　左家大屋内院现状

系传统民居建筑，具备浓厚的地方色彩。建筑群坐北朝南，占地面积400平方米，建筑面积253平方米，由一进五开间两层主体建筑，前后各一院落以及主体建筑西侧的三间半角屋组成。

房屋由青砖垒砌，雕花木窗，穿枋木构架，上有木质楼，小瓦屋盖，屋前有檐廊。檐廊皆青砖墁地，廊口用麻条石垒成台阶，屋前檐廊宽1.6米，每4米还有一金撑梁，是典型的民居建筑。前为方形院落，广植梧桐、石榴等花木。该房建于明末清初，现为其季子方振宇所居（图4-6）。

4.1.7 方以智故居

方以智故居位于桐城市北大街内，地势平坦。整个建筑面南背北形制规整，有明显的中轴线，系古代民居建筑，又具备浓厚的地方色彩（图4-7）。其又名"潇洒园"，具体位于北大街北翼，门牌寺巷33号，占地面积3724平方米，建筑面积1287平方米，为北大街保存较为完好、体量较大的园林式民居建筑，东邻寺巷，前两进五开间；后进院为八开间两层，位于北大街南侧，穿枋树列式，后进院东西各附厢房，每进间以院落，形成一封闭体系，东侧有大型的潇洒园。整座建筑青砖垒砌，小瓦屋面，雕花格子门窗，东西厢房外墙以高封火墙的形式出现，屋面坡面分别向屋内侧倾斜，房屋规模较大，形成"四水汇明堂，肥水不外流"的建筑特色，具有园林式民居建筑之特点。

建筑群共分前后三进院，由三进四合院带两侧脚屋和潇洒园组成：其中第一进建筑前有小院，第二进有两个规模较大的过厅连接第三进院，第三进院五开间两层，两侧有厢房，第三进院东侧脚屋一进两层，西侧脚屋两进一层，各进院落分别有门通向潇洒园，以上各进院落和潇洒园有机结合共同组成了方以智故居。三进正房坐北朝南，硬山屋顶，与左右厢房形成中轴式院落建筑。方以智故居山墙为青砖墙垒砌，继承了皖中地区的传统做法，墙体下脚设有基础条石，上为空斗砌筑，略有收分。前后墙体为空斗结合大小木作构成。建筑主体结构为穿斗式结构。瓦面做法采用合瓦屋面做法，搭接采用压七露三做法。

图4-6 方鸿寿故居立面现状图

图4-7 方以智故居屋面现状图

4.2　桐城氏家大宅民居营造体系

对于营造体系的归纳总结，通常会采用以建筑本身某种特定因素作为归类基础，并以此进行分类叠加总结的研究方法，这样做的目的是可以以一条明确的逻辑主轴线清晰地理清整个营造脉络，从而系统地建立其营造体系，但是，单纯地仅以一种特定因素作为基础并叠加总结，通常可能会在单一逻辑构架下出现研究盲点而产生一定的忽略内容。因此本文为科学完整地总结归纳皖中地区清时期氏家大族宅第的营造体系，对皖中清代大屋民居分别采用以结构和材料为分类基础的两种营造体系进行归纳总结研究，这两种营造体系是在同一研究对象基础下的两种独立逻辑轴线，两条轴线关系相互叠合交叉，从而可以借此全面地理顺皖中清代大屋民居的营造脉络，以达到建立其营造系统的目的。

4.3　桐城氏家民居台基营造

4.3.1　基础

以条石围绕基础的内外四周，进行封闭限定后，向限定内填充灰土并夯实，从而形成大屋民居的基础（图4-8、图4-9）。其中，皖中清代大屋民居基础多为1~2步，灰土每步22.4厘米，夯实厚为16厘米。

4.3.2　础

础是承受屋柱压力的垫基石，凡是木架结构的古建筑，大多会在柱下使用础石作为基础，起到加强柱基承压力的

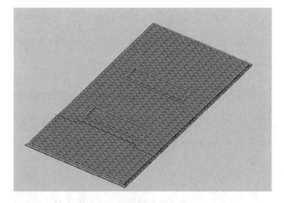

图4-8　皖中清代大屋民居基础示意图
（图片来源：作者整理、自绘）

图4-9　皖中清代大屋民居基础现状
（图片来源：作者自摄）

作用，同时，础石可防止落地柱潮湿腐烂，起到绝对的防潮作用（图4-10）。皖中清代大屋民居内的础石风格朴素一致、形式较为随意，圆形、方型柱础皆有出现（图4-11）。

4.4 桐城氏家民居墙体营造

4.4.1 承重墙

承重墙即指山墙，俗称外横墙，是指沿建筑物短轴方向两端布置的横向外墙，中国

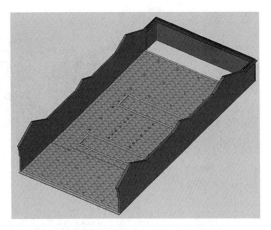

图4-10 皖中清代大屋民居内础石分布示意图
（图片来源：作者整理、自绘）

图4-11 皖中清代大屋民居内础石现状
（图片来源：作者自摄）

传统建筑一般都有山墙，它的作用主要是与邻居的住宅隔开及防火（图4-12）。皖中清代大屋民居多为砖木结构，由于技术升级，山墙自身可独立外部承重，从而大屋形成空斗型山墙与木架结构共同作用的承重体系，因此其山墙起到了重要的维护承重功能。皖中地区清时期大屋民居的檩条通常直接插入承重山墙内，以起到水平支撑的作用，山墙由青砖砌筑，墙基至墙顶采用由实墙到空斗墙的顺砌形式（图4-13）。

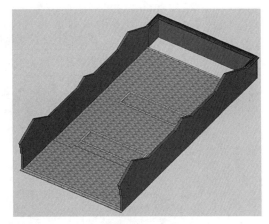

图4-12 相城氏家民居承重墙示意图
（图片来源：作者整理、自绘）

图4-13　现状照片
（图片来源：作者自摄）

4.4.2　空斗墙体

空斗墙体，又称"斗子墙"，多见于我国南方建筑，是砖砌墙体中的一种。空斗墙是指墙的两面用砖立砌，或立、平交替砌筑，中间部分空出，空出部分多填上碎砖、泥土之类看似无用的零散材料。这样的空心砖墙，具有明显的节约材料的特点，非常经济。但是它的稳固性却并不因此而变差，有时候这样的空心砖墙还可以作为荷载墙。同时，空心砖墙还有隔声和隔热作用。皖中地区清时期氏家大族宅第中对于空斗墙体的应用可分为承重山墙和非承重墙墙基，都具有良好的稳定性。皖中地区大屋民居中所使用的砖块较为轻薄，标准尺寸为320毫米×160毫米×40毫米，适用于空斗墙体的砌筑。在皖中地区清时期氏家大族宅第中，对于空斗墙体的应用较为普遍，是其营造细部的显著特征，具有显著的地域识别性。经调研发现，皖中地区清时期氏家大族宅第的典型空斗墙体形式：底部以多层眠砖实墙作为基础；中部砌筑三斗一眠空斗墙体；上部砌筑五斗一眠空斗墙体（表4-1）。同时，总结归纳了皖中清代大屋民居中空斗墙体的做法（表4-2）。

皖中清代大屋民居典型空斗墙体形式　　　　　　　　　　表4-1

位置	多层眠砖实墙	三斗一眠空斗墙体	五斗一眠空斗墙体
图示			

（资料来源：作者整理、自绘）

皖中清代大屋民居空斗墙体做法	表4-2

墙体做法	做法图示
1.砌筑顺砌眠砖基础； 2.墙体两边分别按照一丁一顺立式砌筑，并形成错位； 3.填充碎石等； 4.砌筑顺砌眠砖层	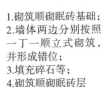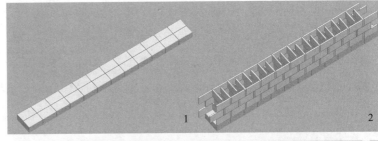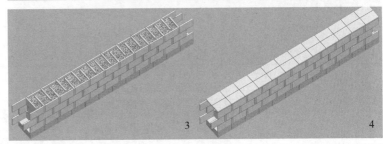

实例照片

（资料来源：作者整理、自绘、自摄）

4.4.3　竹编墙体

竹编墙体是一种南方部分地区特有的非承重墙形式，通常放置于落地柱间，以空斗墙体作为墙基，插入轻质竹编墙体至梁枋处，从而完成竹编墙体在民居中的搭建。竹编墙体的形成通常与当地所产原料有关，根据材料特性就地取材，将地方自产的木板、竹条等小木材料与泥土结合，从而形成非承重的轻质围合隔墙。竹编墙体具有轻质、便取材、易加工等优良特性，同时具有强烈的地域性特征，因此在皖中清代大屋民居的聚集地——桐城地区，竹编墙体的应用非常普遍，是皖中清代大屋民居墙体营造上的显著识别特征。经实地勘察调研，总结归纳了皖中清代大屋民居中竹编墙体的做法（表4-3）。

4.4.4　木板墙体

木板墙体是中国传统民居中常见的非承重墙形式，通常设于大屋民居沿街处或合院厢房部分，与板门或木窗结合，从而形成一体式封闭分隔。因为对搭接材料规格要求较低，木板墙体可将无法作为木架结构或重要木件的小块木作进行再利用，以便制作稳固的轻质隔墙，这一应用是对于小木材料合理利用的一种表现形式。所以，木板墙体多见于小木材料较为丰富的多雨南方地区。在皖中地区清时期氏家大族宅第中，对于木板墙体的应用较为普遍，是其营造细部的显著特征，具有显著的地域识别性。经实地勘察调研，总结归纳了皖中清代大屋民居中木板墙体的做法（表4-4）。

皖中清代大屋民居竹编墙体做法	表4-3
墙体做法	做法图示
1.拼接围合木质墙框； 2.插入横向木板； 3.插入竖向竹条； 4.填充掺入和草的泥土； 5.外围抹灰	
图纸与实例照片	

续表

图纸与实例照片

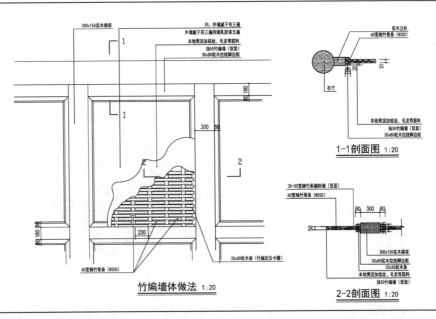

1-1剖面图 1:20

2-2剖面图 1:20

竹编墙体做法 1:20

（资料来源：作者整理、自绘、自摄）

皖中清代大屋民居木板墙体做法		表4-4

墙体做法	做法图示
1.拼接围合木质墙框； 2.插入竖向木板	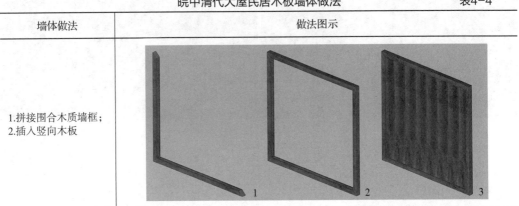

实例照片

（资料来源：作者整理、自绘、自摄）

4.5　桐城氏家大宅民居大木结构营造

4.5.1　柱

　　柱，俗称"柱子"，是建筑物中用来承托建筑上部重量的直立杆体，通常以础石为基础，竖向布置建筑内部，系中国传统建筑承重体系的重要组成部分，民居的核心构筑元素之一。皖中清代大屋民居中使用了大量的木柱进行竖向承重或支撑，从而与承重山墙共同形成了院落的承重体系，是皖中地区清时期氏家大族宅第内的抬梁、穿斗混合构架形式的核心构件，其柱型纤细，色泽朴素，可分为落地柱和非落地柱两种柱型（图4-14、图4-15）。

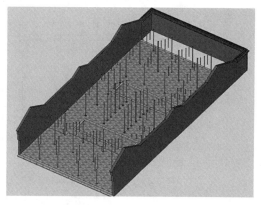

图4-14　柱位图

图4-15　柱子与梁架搭接关系实物照片

4.5.2　梁枋

　　梁、枋贯穿柱间，使中国传统建筑的结构体系在水平方向围合并承载受力。梁承托着建筑上部构架中的构件及屋面的全部重量，是建筑上部构架中最为重要的部分，大多数梁的方向，都与建筑的横断面一致；枋，同梁一样，是置于柱间或柱顶的横木，但其走向不同，通常与建筑正立面方向一致。二者共同作用，形成了中国传统建筑的水平受力围合体系，明清时期横断面接近方形或圆形，起到节约木材的目的。皖中清代大屋民居同样依靠梁、枋围合出其水平受力体系，由于承重墙分担了一部分受力，从而分担了部分梁、枋的受力要求，因此皖中地区清时期氏家大族宅第的梁、枋相对扁平纤细，色泽朴素（图4-16、图4-17）。

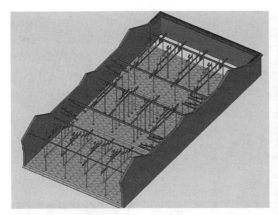

图4-16　梁架布置图

图4-17　梁架布置实物照片

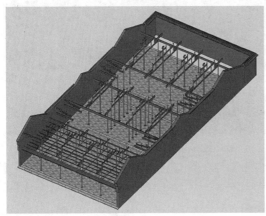

图4-18　龙骨布置图

4.5.3　龙骨

龙骨，是承载不同楼层间水平受力的木构件，通常位于穿枋之上，依靠山墙或柱子作为支撑实现楼层间的稳固承重。皖中清代大屋民居的龙骨多采用圆形打磨龙骨，此种龙骨的原料木材获取较易且便于加工，皖中民居通常将龙骨穿入两侧山墙和中间柱中，从而可形成水平大空间支撑体系，得到较好的承重效果（图4-18、图4-19）。

图4-19　龙骨布置实物照片

4.5.4　檩

檩是中国传统建筑木架构中顶部纵向的水平承重构件，通常放置于柱或梁枋之上，从而形成顶层围合体系，与梁、枋不同，檩的断面多是圆形。由于山墙自身承重，皖中清代大屋民居的檩条通常直接插入山墙内，中间大跨度通过柱、梁、枋体系承载，檩条相对纤细，色泽朴素（图4-20、图4-21）。

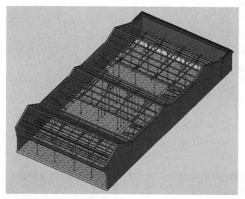

图4-20　檩条布置图

图4-21　檩条布置实物照片

4.6　桐城氏家大宅民居小木装修营造

4.6.1　非承重墙

非承重墙是仅起到围合作用的轻质墙体，多设置于中国传统建筑内部，与柱子等木架承重体系相连接，是房屋形成围合的重要元素。在皖中清代大屋民居中共发现三种非承重墙，分别是空斗墙、竹编墙、木板墙。其中空斗墙多作为基础与窗户设置相连接；竹编墙通常下连设空斗墙基础，上至枋底檩下；木板墙多安置于大屋沿街侧立面。共同特点是轻质、朴素（图4-22、图4-23）。

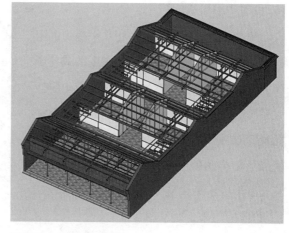

图4-22　非承重布置图

图4-23　非承重墙（竹编墙）实物照片

4.6.2　门

门是建筑室内与外界的出入口，同时起到了空间的界定作用，中国传统建筑中门的种类很多，不同的门具有各自的属性作用。隔扇门，以隔扇作为门扇的通透开敞型门，通常位于合院内部正房处，需要建筑室内外连通时，可将隔扇摘下，从而形成一个大的室内外流通空间；板门，以木板为门扇的不通透实门，多用于功能性出入口。皖中清代大屋民居合院内正房多使用隔扇门，以便空间交流开敞之用；厢房等辅助性用房多使用板门，其中商铺出入口多采用活络塞板，早启夜上，便于使用。清时期皖中地区氏家大族宅第内的所有门风格朴素，颜色古朴（图4-24、图4-25）。

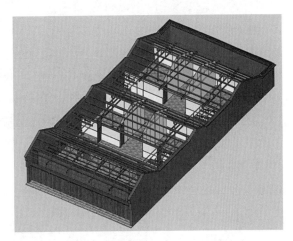

图4-24　木装修—门布置图

图4-25　门实物照片

4.6.3 窗

窗，同门一样，依附于建筑而存在，在中国传统建筑中，窗的样式多样，在起到采光透气作用的同时，还兼具装饰功能，是建筑重要的组成部分。皖中清代大屋民居内的窗户形式整体较为简洁朴素，部分门窗配有一定的雕花装饰，颜色古朴（图4-26、图4-27）。

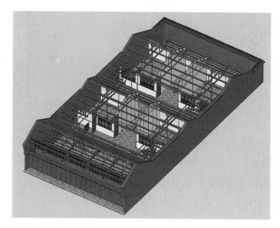

图4-26　木装修—窗布置图

图4-27　窗样式实物照片

4.6.4 栅

栅，即格栅，指中国传统建筑合院内穿枋间设置的通透木构件，格栅的存在使整个院落室内外空间得到交流和延展，同时，格栅也是很好的装饰构件，其特有的花纹或形式，增加了院落的整体美观性。皖中清代大屋民居的格栅位于合院内部正房上，形式简洁，线条纤细，颜色古朴（图4-28、图4-29）。

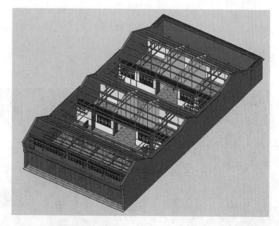

图4-28　格栅布置图

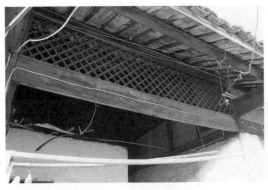

图4-29　格栅样式图

4.6.5　栏

栏，即栏杆，指用木料编织起来的遮挡物，是用于分割空间限定的半开放性元素，同时起到了一定的保护作用。皖中清代大屋民居中的栏杆多位于二层沿街面或合院内部，起到了很好的空间限定作用，为室内外空间的流动性提供了条件，皖中地区清时期氏家大族宅第的栏杆风格整洁，颜色古朴（图4-30、图4-31）。

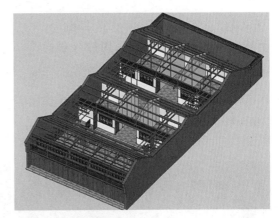

图4-30　栏杆布置图

图4-31　栏杆布置图

4.7　桐城氏家大宅民居屋面营造

4.7.1　椽

椽，俗称椽子，是密集排列于檩上、并与檩成正交的木条，椽子的走向与大多数的梁的走向一致，而与枋、檩交错，沿着建筑屋顶的坡面铺设，是中国传统建筑中依靠整个木架体系支撑，从而承载覆盖瓦面的木构元素，它的存在，分散了瓦自重所带来的压力，增加了瓦的接收面（图4-32）。皖中清代大屋民居椽子密集有序布置，显著特点是合院交接处不采用传统角梁转折，而是使用继续覆盖两根椽子从而形成天沟基础的工艺方式，具有一定的独特性（图4-33）

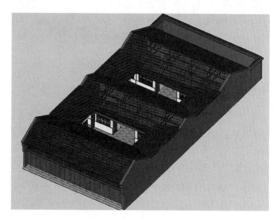

图4-32　桐城氏家大宅民居屋面铺椽示意图
（图片来源：作者自绘）

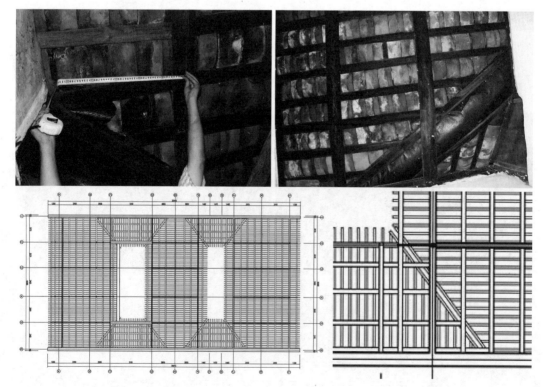

图4-33　民居椽子现状图及细节示意图
（图片来源：作者自摄、自绘）

4.7.2　瓦

　　瓦多用于遮蔽，是中国传统建筑顶部的重要非承重构件，民居中通常采用不上釉的普通青灰色瓦，也称片瓦，是用泥土烧制而成（图4-34）。民居类多使用小式瓦作，其中仰瓦的凹面向上，合瓦的凹面朝下，组成合瓦式封闭形式。皖中清代大屋民居是典型的南方民居类建筑，全部合瓦铺面，压七露三，屋脊工艺简易，屋面形式简单，颜色古朴，没有过多装饰（图4-35）。

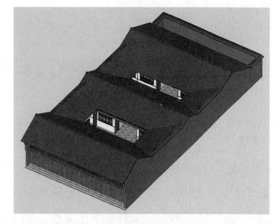

图4-34　皖中清代大屋民居铺瓦屋顶示意图
（图片来源：作者自绘）

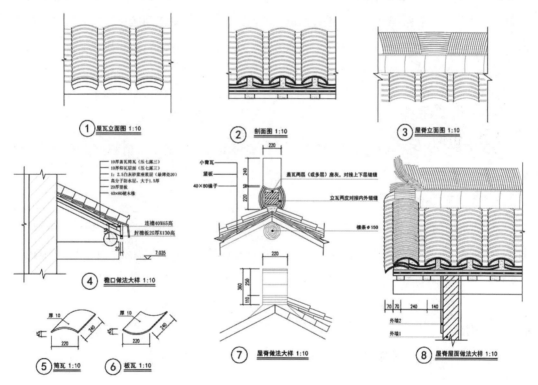

图4-35　瓦作细节示意图
（图片来源：作者整理自绘）

第5章　桐城氏家大宅民居修缮技术

材料是建筑得以实现的直接承载因素，不同的材料及配比关系会产生不同的建筑形态和使用效果，因此确定建筑建造时所使用的各种材料的数量及其配比关系，并进行合理地分析论证，是对于建筑营造研究的科学分析方法。通过获得较为准确的营造材料使用量，形成准确可靠的数据资料，借此计算配比关系，并应用对比、论证等研究方法，找出营造材料的使用量及配比与建筑营造特征间的联系，探究建筑营造形式及相关原因，从而达到科学理解建筑营造方式的目的。通过可行有效的数据采集方法，获取皖中地区清时期氏家大族宅第的营造材料使用量，计算其配比关系并进行论证比较研究，可有效地弄清皖中清代大屋民居在当时条件下的营造特点，还原大屋民居的营造方式，从而探索其建筑营造手段及所产生形制结果的原因。这是深刻挖掘皖中清代大屋民居营造原因的重要方式。

5.1　价值评估

桐城氏家大宅民居综合体现了历史、艺术和科学方面的文物价值和重要的社会文化价值。

5.1.1　历史价值

（1）桐城氏家大宅民居建筑格局保存完好，完整地反映了安徽省桐城地区传统民居的建筑特色。同时是北大街保存最为完整的临街商业及居住建筑之一，真实地反映了社会的历史面貌。

（2）桐城氏家大宅民居是中国皖中民居建筑的代表形式之一，具有浓厚的地方色彩。

5.1.2　科学艺术价值

（1）桐城氏家大宅民居其建筑的结构、材料和建造工艺反映出清代晚期桐城地区较高的建筑技术水平，以及地方做法的独特性，为研究皖中地区清代地方建筑手法提供了重要的实物资料。

（2）桐城氏家大宅民居采用清式举架，砖木结构，合瓦屋面，构件精细，形象古朴、壮观。具有民居建筑特色，具有一定的科学研究价值。

（3）桐城氏家大宅民居体现出了当时建筑空间的处理手法，建筑的装饰艺术具有地方特色和象征意义，对了解建筑的文化内涵提供了丰富的信息。

（4）桐城氏家大宅民居是了解当地传统民居建筑和居民生活方式的重要场所，具有重要的社会教育和文化宣传的现实意义。

5.2　北大街传统街区

5.2.1　文物建筑修缮

北大街历史文化街区内保留了啖椒堂、左忠毅公祠、方以智故居、姚莹故居等名人故居，还有明代县衙、左家大屋、钱家大屋等历史建筑，是桐城士族文化、名人文化特色的实物体现（图5-1）。桐城市委市政府将北大街保护、整治与利用工程列为2014年重点工程之一。

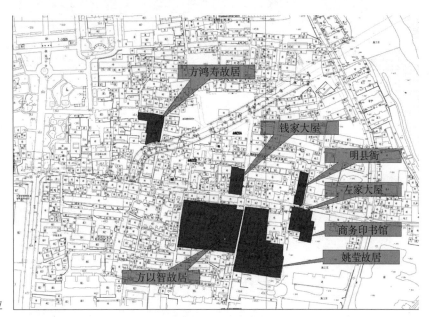

图5-1　文物建筑区位

5.2.2　历史格局的分析与复原

1. 钱家大屋（图5-2）

图5-2　钱家大屋历史格局分析及复原示意图

2. 商务印书馆（图5-3）

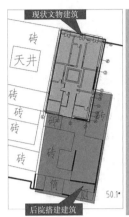
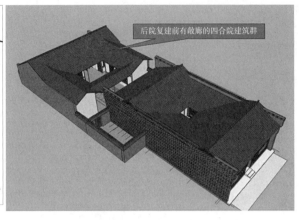

图5-3 商务印书馆历史格局分析及复原示意图

3. 方鸿寿故居（图5-4）

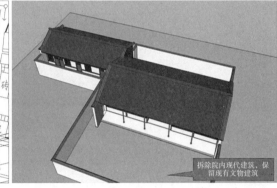

图5-4 方鸿寿历史格局分析及复原示意图

4. 明县衙（图5-5）

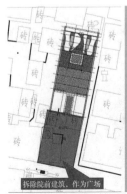
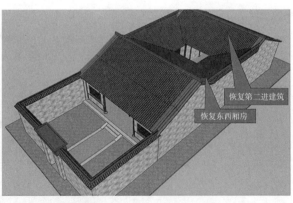

图5-5 明县衙历史格局分析及复原示意图

5．左家大屋（图5-6）

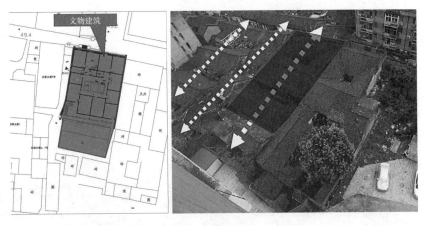

图5-6　左家大屋历史格局分析及复原示意图

6．姚莹故居（图5-7）

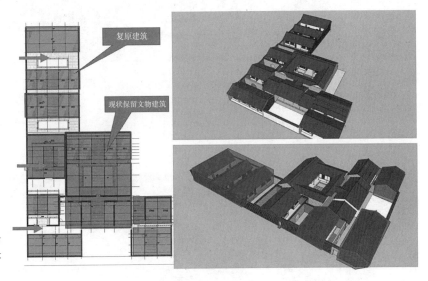

图5-7　姚莹故居历史格局分析及复原示意图

7．方以智故居（图5-8）

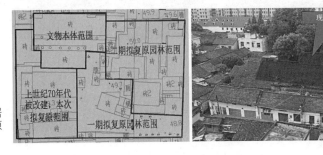

图5-8　方以智故居历史格局分析及复原示意图

5.2.3　北大街传统街区景观修复

1. 总平面

北大街总长度421米，宽3~7.5米，寺巷总长69米，宽2米。方以智故居园林总面积2056平方米。北大街景观以保护修复为基本原则，以石材和卵石结合为主体铺装肌理，沿街开放区域设计五个景观节点，分别是西入口、祠堂、凤仪里、县衙和东入口。寺巷的设计采用传统古街支巷的铺砌手法，与北大街的风格统一，又独具变化。方以智故居园林设计采用明清时期浙江徽州的园林风格进行修复（图5-9）。

图5-9　北大街总平面图

2. 节点（图5-10、图5-11）

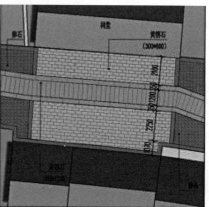

图5-10　左公祠节点示意图

图5-11　县衙前广场节点示意图

5.3　残损调查

1. 台基地面

①合土地面酥松、鼓胀、破损。

②阶条石断裂、位移、缺失。

③排水沟坍塌、淤堵、生长杂草。

④条砖、方砖、灰砖地面碎裂、破损、局部缺失

2. 墙体墙面

①空斗灰砖墙体墙砖局部酥碱、裂缝、缺失。

②墙帽破损、缺失、生长杂草。

③普通砖墙龟裂、酥碱、局部坍塌。

④竹编墙墙面抹灰局部脱落、污损

3. 大木构架

①木柱糟朽、缺失，部分干裂。

②梁架糟朽、局部构件缺失、个别梁架后被改造，瓜柱干裂、缺失等。

③封檐板、博缝板变形、糟朽、局部缺失。

④檩条、椽板糟朽、变形，局部后期被更换、改造，与原形制不同

4. 屋顶瓦面

①屋面瓦具有不同程度的酥松、碎裂。

②屋脊破损、缺失，部分被后期改造。

③部分单体建筑屋面局部坍塌、漏雨

5．装修

①门、窗破损、缺失、封堵、个别建筑的门窗后换为现代形制的门窗。

②木雕、雀替、栏杆、轩杆、轩板等装修均有不同程度的破损、糟朽、缺失、改建。

③部分建筑的板壁、隔扇等装修缺失、破损、糟朽

6．油饰

①部分建筑的木柱、封檐板、木地板、楼梯、栏杆的表面油漆褪色、起翘、脱落。

②个别建筑后新刷油漆，与原做法不同或改变了原形制

7．其他

①院落内外加改、建严重，院外边侧排水沟多处破损，局部排水不畅。

②院落地面材质现有杂土、卵石、水泥、青砖等，地面均不同程度生长青苔、杂草等问题，总体排水不够畅通，天井内铺地均生长大量青苔

5.4　修缮措施

针对文物建筑的修缮措施可以主要分为以下工作内容：基础和台基地面、大木构、墙体加固修整、屋顶瓦件、装修部位的维修。

5.4.1　大木构

对松动、拔榫、歪闪较严重的建筑木构架采取打牮拨正的方法，对变形较小的木构架进行修整加固，对于墙体与木构架之间的连接问题应根据实际情况采取补砌或铁活加固等措施。对劈裂（干裂）木构件进行裂缝修补、加固或部分更换；对变形构件和节点进行适当调整、加强；对位移脱榫构件进行归安、加固；对糟朽、虫蛀构件进行防虫防腐处理，以及更换、修补；补配缺失构件。

（1）柱子的维修：顺纹开裂裂缝较小的用油灰楦缝；缝宽大于0.5厘米的用木条嵌补；深达木心的裂缝还应加箍1~2道，可采用传统铁箍加固。柱表面糟朽不超过1/2柱径采用剔补加固，糟朽虫蛀严重的采用墩接或者拼接，柱心朽空采用灌浆加固；

（2）梁枋的维修：构件裂缝深度超过其直径宽度的1/4时，采用嵌补的方法进行修整，裂缝深度大于宽度1/4并不能满足受力要求时，更换构件；对脱榫的梁枋，若榫头完好归安加固，若榫头遭朽更换榫头。更换构件宜选用与原构件相同树种的干燥木材，并预先做好防腐处理。

（3）檩的维修：修补开裂，清理表面盐渍，重新归安，榫头折断或糟朽应剔除后用新料重新制榫。糟朽深度大于1/5檩径，劈裂长度大于2/3总长，折断的构件予以更换。

（4）椽子的维修：对部分断裂、错位的椽子进行维修，归位，糟朽直径大于2/5椽径，糟朽长度大于2/3总长予以更换。

5.4.2　墙体

墙体的维修应根据其构造和残损情况采取修整和加固措施。

（1）大面积酥碱、开裂严重或具有通裂缝的墙体，进行局部或整体拆卸重砌，使用铁扒锔等加固裂缝处。拆砌山墙、檐墙时应将靠墙的木构件进行防腐处理。

（2）对主体坚固局部酥碱、开裂、空鼓的墙体，进行剔凿补挖，墙体外观保持原样。

（3）墙体重砌时应重新勘察地基，确定情况后做相应处理，墙体砌法则按原墙传统做法。

5.4.3　台基地面

对不存在地质隐患和不需要地质加固的沉陷变形的地面，可只进行局部修整，如对沉陷部位增设垫层进行平整。

5.4.4　屋顶瓦件

对屋顶漏雨严重、威胁木构件安全的屋面进行揭顶维修。拆卸瓦件、脊饰前，应对垄数、瓦件、脊饰瓦底有无防水处理进行记录。拆卸的瓦件应进行质量检查，对于质量合格的，应对应原建筑继续使用。瓦瓦时，应根据勘查记录铺瓦瓦件和脊饰；新添配的瓦件，必须与原瓦件规格、色泽一致。

对瓦件完整、松动、脱落的瓦顶，重新归位；对瓦件损坏轻微、局部滑瓦的屋面，将损毁、滑落的部分按原样替换、归位；对受损严重的屋面进行揭顶维修。

揭顶卸瓦时，注意不要损坏瓦件，将瓦及勾头滴水按规格形制和质地进行分类，清洗后挑选完好的瓦件，更换已风化酥碱、缺角断裂、变形的瓦件，按原样式更换新瓦件。

拆卸屋脊时，应尽可能保护好原屋脊的脊饰，修复受损程度较轻的脊饰，更换受损的脊饰，应按当地传统手工锤灰工艺进行修复和复原。详细记录拆卸的构件的规格、位置，安装时严格按拆卸记录予以修复及复原，安装时应注意与基座的连接应安全、牢固、可靠。配件要根据构件部位的材质、规格及尺寸进行选择，既要保证质量又要尽量考虑构件统一。

揭顶维修的具体步骤为：

（1）瓦顶拆除

先揭勾头瓦，然后揭瓦垄和脊。瓦件色差过大的，须分类存放，有裂纹或敲击声音不清脆等残损瓦件捡出不用。瓦件落地后进行扫净刷洗，分类整齐堆码，以备后用。同时，确定补配类型和数量，按原形制和式样提前至厂家订做。

（2）盖瓦调脊

盖瓦应在木构架修缮处理后进行，对糟朽或断裂受损的檩、椽先进行维修加固或更换，加强屋面的整体刚度和承载能力后再进行盖瓦调脊。

　　按先做脊，后铺瓦，先盖上檐，再盖下檐的顺序。在檐头挂线，使底瓦伸出外尺寸一致。底瓦采用一搭三、压七露三，底瓦头部先挂麻刀灰后再铺瓦，以保证瓦与瓦之间缝隙严密。两沟底瓦之间用麻刀灰填实抹平，然后盖筒瓦。铺瓦陇时要处理好瓦陇两侧的灰口和两瓦的交接处，用挤浆法将灰挤出再夹陇捉节。在盖瓦时，注意对屋面曲线的控制，在外观上做到"当匀陇直，曲线圆合"。盖瓦均用青白麻刀灰（材料重量比为白灰：青灰：麻刀=100：8：4）。

　　（3）屋面除草

　　屋面除草采用敌草隆溶液细喷雾法进行除草。

5.4.5　小木残损

　　（1）对移位受损的所有门窗、栏杆进行归位和维修，对榫卯松脱、框边变形、扭闪的隔扇门窗，采取整扇拆卸，重新归安；边梃和抹头劈裂糟朽时应钉补牢固，严重者应予更换；糟朽、蛀蚀严重的门窗按原式样、材质重新复原，作防腐、防虫处理后归安。

　　（2）维修破损、白蚁侵害的小木构件。修补和添配小木构件时，其尺寸、榫卯做法和起线形式应与原构件一致，榫卯应严实，并应加楔、涂胶加固。

　　（3）根据勘察，现有木构件大多有油漆。具体可对原木构件进行除尘，涂刷生桐油两遍；对木构件凸凹不平及裂缝面刮腻子抹平，干燥后，选用粗、细砂纸打磨两遍，然后进行漆饰。对无光彩、脱落、起皮、开裂的漆面进行退漆。退漆后再进行油漆。

5.4.6　防虫防腐

　　针对建筑木构件存在虫蛀及遭朽状况，建议委托专业防虫害公司对生物类型、病害种类等统一进行调查分析，统一确定防虫防腐的处理办法以及日常保养维护的措施。在维修过程中应仔细检查大小木作构件，对虫蛀腐朽严重的木构件进行更换，对有局部虫蛀仍能承重的木构件，采用注射法杀虫灭菌，选用适当的药品，采用注入虫眼和表面涂刷相结合的方法，尽量使构件较多地吸浸杀虫剂，对新换木构件可用同种药品浸泡处理。对因受潮而导致局部乃至全部腐朽的大木构件予以维修、更换和防腐防潮处理，并在修复中控制维修中选用木材的含水率。

　　文物建筑的白蚁防治措施，应遵循以下原则：

　　（1）白蚁防治工程应与文物建筑修缮工程同时施工。管理部门与白蚁防治专业机构要相互配合，做到有蚁必治、无蚁早防、长效管理。

　　（2）预防和治理相结合的原则。文物建筑群周围房屋应采取封闭式防治措施。对古建筑群外围也应建立一道防止白蚁入侵的保护屏障，以免邻近房屋建筑的白蚁入侵危害。可用3%氯丹乳剂分三层喷洒建筑周围，防止白蚁地下入侵。

　　（3）环境保护与白蚁治理相兼顾。采用环保的药剂和防治技术，不能造成环境污染。

除以上专业防虫防腐的处理以外，在施工过程中应注意：

（1）针对继续使用未拆卸下来的原有构件的情况，要逐一涂刷防虫、防腐涂料；

（2）针对继续使用已拆卸下来的原有构件的情况，要将已拆卸下来的木构件放到防虫防腐药剂池里浸泡，取出干燥后归位；

（3）针对更换的新加工构件，首先要在风房中进行干燥处理，之后放到防虫防腐药剂池里浸泡，取出干燥后再进行安装。

（4）防虫防腐药剂建议使用二硼合剂，特别要注意在使用此药剂时的安全工作，避免不必要的伤害。

5.4.7　消防设计

设计依据：

（1）《民用建筑设计通则》GB 50352—2005中华人民共和国国家标准。

（2）《建筑设计防火规范》GB 50016—2006中华人民共和国国家标准（2006年12月1日起实施）。

（3）《建筑内部装修设计防火规范》JB 50222—95。

建筑物设计：

（1）本工程为文物修缮展示建筑，建筑类别为二类，耐火等级为二级。

（2）本工程单体建筑自成一个防火分区，且均设置灭火系统。

（3）由于甲方目前无法提供设计依据，本设计不包括周围院落消防系统设计，但是院落周围应布置室外消火栓。文保单位应加强消防巡查、排除安全隐患。

5.5　展示利用

坚持"保护为主、抢救第一、合理利用、加强管理"的工作方针，突出不改变文物原状的原则。在修缮设计中遵循保护历史信息的原则，尽最大可能利用原有材料、保存原有构件、使用原工艺，去除明确的后期不当添加，尽可能多地保存历史信息、保持文物建筑的真实性（图5-12）。

坚持尊重传统、保持地方风格的原则，不同地区有不同的建筑风格与传统手法，在修缮过程中要加以识别。尊重传统，承认建筑风格的多样性、传统工艺的地域性和营造手法的独特性，特别注重保留与继承。

坚持"最小干预"的原则，着重解决危害文物建筑安全的隐患，对于保存较好、相对安全与稳定的建筑部分尽量维持原状。

建立在价值与分析评估基础上，对修缮措施进行取舍，保全主要价值载体。

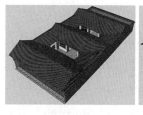

图5-12　修缮效果图

5.6　总结

本书选取安徽中部地区范围内现存的清代传统氏家大族宅第作为研究对象，探寻整理其历史背景及相应影响，挖掘其地域性民居建筑的文化渊源及内涵；通过对皖中清代大屋民居在空间和营造两方面进行深入研究，进而展开形成本项以院落形态和空间效率、营造做法和营造材料配比为研究内容的地域性民居类研究课题，以此类新颖的归纳总结方式，总结并记述皖中清代大屋民居的特点，归纳研究皖中清代大屋民居的相关内容，填补地方民居漏缺，更新完善中国传统民居体系；同时本文对于皖中清代大屋民居采用的研究方法，也可为其他传统民居研究提供参考和思路。

本书通过采用多次实地进入皖中地区桐城、合肥、肥西、寿县，观察调研、实地测绘、收集资料等相关研究方法，总结研究对象的特点，得出结论：①皖中清代大屋民居受到地貌、气候、人口迁徙等因素影响，形成以皖江文化圈为文化基础，同时受到徽州文化圈强烈影响和淮河文化圈部分影响的独具地方特色的民居风格类型；②皖中清代大屋民居采用以合院或封闭式院落为主的院落空间形态，具有典型的中国传统民居格局特点和明显的地域性空间特征，同时具有更加优越的空间使用效率，其融于自然的设计理念，当下仍然具有较强的借鉴参考意义；③皖中清代大屋民居在营造体系、营造细部和材料使用及配比关系上符合中国传统地域性民居的基本模式，同时又兼具细部等方面的皖中地区地域性营造特点。

本书的成果及创新总体来说可概况为以下三个方面：

（1）从地貌、气候、人口迁徙、文化圈影响等方面因素推测并阐述了皖中清代大屋民居的形成原因及文化内涵；

（2）从空间和营造两方面对皖中清代大屋民居进行了较全面的分析，按类逐项研究其具体表现，重构并阐述了皖中清代大屋民居的模式体系；

（3）本文尝试采用以地域性文化关系作为传统民居研究基础，以空间和营造两方面作为传统民居研究内容的新颖的研究方法进行研究。

第6章 修缮案例——左家大屋

6.1 历史沿革

左家大屋建于民国初年，是左简成在河南新乡和安徽潜山为官时所建。其间由左简成嫡子左佰明先生一大家夫妇及两个儿子两个女儿在大屋居住。

左家大屋在20世纪50年代经历私房改造以来，或入驻机关单位，或改建为民宅，与它所经历的社会动荡一样，历经磨难和数度的变革，终于迎来了今天的新生。2011年11月被列入桐城市重点文物保护单位。2017年开始对左家大屋进行修缮。对墙体、门窗、楼阁、房间、庭院认真修缮，再现了左家大屋古老建筑的风韵、秀姿。

6.2 残损现状

6.2.1 地面

左家大屋建筑的地面做法主要分为两种：水泥地面、大石条铺砌地面；木地板地面。水泥地面，为后期改造、多用在入口门房或厢房内，大石条地面多用在院子内和建筑的前后檐廊处，架空木地板地面是二层各个建筑室内的主要地面形式。石条铺砌地面普遍保存状况较好，需做适当清理维护。架空木地板的面积大，问题较突出，主要是磨损糟朽。

6.2.2 木结构

左家大屋木结构问题主要分为木柱问题、檩枋问题、椽望问题等。木柱主要问题有柱根糟朽、歪闪、开裂、虫害等问题；穿枋的问题较少，主要有构件缺失、不当的添加改造、虫害等问题；檩子的主要问题有糟朽、水渍污染、移位、开裂、虫害等问题；椽望问题总体上是正在使用的房屋椽望情况较好，部分半废弃或无人居住的房屋糟朽破损严重。

6.2.3 砖墙

现场调查发现，外墙主要存在地基下沉墙体外闪、砖块损毁、剥落污染等现象。内墙主要存在上部缺失，墙面污染发霉变暗等现象。左家大屋的墙体构造为清水青砖空斗墙体，不施抹面及彩绘，靠近墙头地方用砖挑出各种线脚，墙帽用瓦进行装饰。封火墙整体呈连续的马头形，在收头处做出砖檐角。墙头批檐用瓦在两侧叠成"八"字，再用抹灰材料抹平整。年久表面覆上青苔，也有部分墙檐只有叠瓦。目前，关于原墙体的抹灰和胶结材料做法不详，调查时发现其中含有沙、泥、碎石等材料，有待进一步调查，明确原有做法。墙体构造问题主要是年久失修，粉刷剥落严重，彩绘剥落殆尽，胶结材料松结，砖体松动，导致墙体结构失稳。

6.2.4　门窗装修

左家大屋的传统装修保存情况较差，房屋门窗大量被改造。经调查，发现目前门窗改造主要有门窗位置改变，门窗形式改为现代木制方格玻璃门窗、现代铝合金窗等方面。传统门窗的主要问题有不恰当的表面油饰；不当的添加物；门窗扇整体扭曲形变；榫卯松脱；小木折断；花饰缺失等方面。

6.3　修缮措施表

建筑部位		残损状况	残损类型	修缮措施及工程量
周边环境		1.院内青砖铺装地面，年久失修，局部大块破裂，面积约30%； 2.地面潮湿长满青苔，杂乱散有碎瓦片； 3.天井被后期改造，改用自来水池	年久失修、人为改造	1.局部更换补配破裂的青砖，对存在沉陷变形的地面，可局部对沉陷部位增设三合土垫层进行平整； 2.清理院落杂物； 3.剔除后加建水泥砂浆抹面的地面约8平方米，恢复天井
台明台阶		台基为条石砌筑，高度为250毫米	开裂磨损	局部可灌浆加固基础台明
地面	一层	后期改造为水磨石地面	磨损、碎裂、下沉	全部铲除水磨石地面，重新铺墁方砖地面
	二层	1.地面由木地板铺设，杂物堆积，破损20%； 2.房间内堆积大量杂物、工具及拆卸门窗	磨损、不当使用	清除地面杂物，整修加固木地板地面，更换破损严重木地板
大木构架	柱、梁、枋	1.该房屋为木梁柱与檩承重结构，砖墙维护； 2.由于装修，建筑结构梁柱无法勘测现状	不当使用、年久失修	拆除全部后期加建吊顶装修，检查木构架及柱子的残损状况，主要修缮措施为： 1.柱子的维修：顺纹开裂裂缝较小的用油灰楦缝；缝宽大于0.5厘米的用木条嵌补；深达木心的裂缝还应加箍1~2道，可采用传统铁箍加固。柱表面糟朽不超过1/2柱径采用剔补加固；糟朽虫蛀严重的采用墩接或者拼接；柱心朽空采用灌浆加固。 2.梁枋的维修：构件裂缝深度超过其直径宽度的1/4时，采用嵌补的方法进行修整，裂缝深度大于宽度1/4并不能满足受力要求时，更换构件；对脱榫的梁枋，若榫头完好归安加固，若榫头遭朽更换榫头。更换构件宜选用与原构件相同树种的干燥木材，并预先做好防腐处理； 3.檩的维修：修补开裂，清理表面盐渍，重新归安，榫头折断或糟朽应剔除后新料重新制榫。糟朽深度大于1/5檩径，劈裂长度大于2/3总长，折断等构件予以更换

续表

建筑部位		残损状况	残损类型	修缮措施及工程量
墙体	墙基石脚	1.块石砌筑的墙基，总体完整，局部松动残缺30%；2.前、后檐条石墙基下端墙基普遍轻微松动，约40%墙体出现裂缝，局部外闪；	松动、裂缝、脱落、不当改造、不当使用	对墙基石脚局部进行拆安归位，并灌浆加固；空斗墙体裂缝用铁扒锔进行加固，剔除原有墙面抹灰，重新抹面；拆除后改造墙体，恢复竹编墙体。墙体的维修主要包括以下几点：1.砖墙裂缝、小洞、风化、酥碱、缺失修复：（1）裂缝灌浆修补：将外墙外侧已经风化及松动的砖缝杂物剔除，采用1:2.5聚合物水泥砂浆灌浆处理。砂浆强度等级M15。采用聚合物水泥，添加重量的3%的膨胀剂，厚度50毫米；（2）拆安归位：砖件脱离了原有位置，需进行复位时，复位前应将里面的灰渣清理干净，用水洇湿，然后重新坐灰安放，必要时做灌浆处理；（3）零星添配：局部砖件或石料破损或缺损时可重新用新料制作后补换；（4）剔凿挖补：局部酥碱为墙厚1/4，且面积大于2平方米时，先用錾子将需修复的地方凿掉。凿去的面积应是单个整砖的整倍数。然后按原砖的规格重新砍制，砍磨后照原样用原做法重新补砌好，里面要用砖灰填实。2.按原墙面材质、工艺，统一新作墙体抹灰层：（1）面层材料的配合比应试配，面层抹灰应试样，达到设计效果后再全面施工；（2）饰面，材料的粒径、质感、色泽应与原墙面基本一致，接缝紧密，表面层的工艺及纹样应与原墙面一致。3.灰缝修缮措施：（1）去除酥碱的勾缝，统一使用黄泥砂浆勾缝；（2）灰缝的修补，应剔除损坏的灰缝，除清浮灰，宜按原材料和嵌缝形式修补，修复后，灰缝应平直、密实、无松动、断裂、漏嵌；（3）修补后墙面应色泽协调、表面平整、头角方正、无空鼓
	空斗墙体	1.墙体山墙为空斗墙，表面抹泥，外刷白灰；2.墙面受潮污渍，墙皮局部起甲脱落约80%；3.墙体基本完整，因年久失修，东西侧墙体出现约1厘米宽、1米长墙体裂缝；		
	砖石隔墙	原有前后木隔断墙体被后期改造为砖砌墙		
	竹编墙体	1.墙体表面破损约20平方米；2.竹编墙体被后期改造约25平方米		
屋面	椽望	70%封檐板糟朽、变形、缺失；室内椽望无法勘测；前后檐室外部分的椽头80%因雨水自然开裂糟朽	糟朽、年久失修	对前檐糟朽、开裂构件进行剔补、嵌缝加固，严重的（糟朽直径大于2/5椽径，糟朽长度大于2/3总长）可以更换，补配缺失构件，构件统一进行防虫防腐处理
	瓦面	青瓦屋面，其中屋面瓦片20%位移松动，20%瓦片碎裂；檐口处会水瓦60%位移松动，后期经过水泥勾抹加固；屋脊瓦件破损约60%；屋面杂草丛生，起伏不平	位移、碎裂、生长杂草	1.除草检漏：清理瓦顶杂草（采用敌草隆溶液喷雾除草），对局部碎裂瓦件进行检漏，瓦屋面检漏采用青白麻刀灰做夹垄灰及部分捉节灰。按原状瓦件规格重新补配残破瓦件。2.重做屋脊、马头墙墙帽。3.对于局部屋面漏雨严重，威胁木构件安全的屋面进行揭顶维修：（1）拆卸瓦件、脊饰前，应对垄数、瓦件。拆卸的瓦件应进行质量检查，对于质量合格的，应对原建筑继续使用。瓦瓦时，应根据勘查记录铺设瓦件和脊饰；新添配的瓦件，必须与原瓦件规格、色泽一致。（2）对瓦件完整、松动、脱落的瓦顶，重新归位；对瓦件损坏轻微、局部滑瓦的屋面，将损毁、滑落的部分按原样替换、归位；对受损严重的屋面进行揭顶维修。（3）揭顶卸瓦时，注意不要损坏瓦件，将瓦按规格制和质地进行分类，清洗后挑选完好的瓦件，更换已风化酥碱、缺角断裂、变形拱翘的瓦件，按原样更换新瓦件。（4）拆卸屋脊时，应尽可能保护好原屋脊的脊饰，修复受损程度较轻的脊饰。详细记录所拆卸构件的规格、位置，安装时严格按拆卸记录予以复位及复原，安装时应注意与基座的连接应安全、牢固、可靠。配件要根据构件部位的材质、规格及尺寸进行选择，既要保证质量又要尽量考虑构件统一

续表

建筑部位	残损状况	残损类型	修缮措施及工程量
装修	门窗全部被后期改造；院内立面传统装饰受雨水侵蚀、年久失修，约50%出现糟朽、松动、缺失	不当改造、年久失修、糟朽、松动、缺失	1.拆除全部后改造门窗，按照施工图纸门窗大样图重新补配门窗； 2.补配、更换糟朽、缺失的木构件； 3.维修破损、白蚁侵害的小木构件。修补和添配小木构件时，其尺寸、榫卯做法和起线形式应与原构件一致，榫卯应严实，并应加楔、涂胶加固
楼梯	楼梯破损严重，40%构件出现松动、磨损	松动、磨损	补配楼梯构件，整修加固（待全部搬迁后详补楼梯大样图）

6.4 工程做法表

部位	修缮类别	残损类型	残损程度	做法编号	修补名称	做法说明	工程做法表
木结构	构架连接加固	构架歪闪，构件拔榫，檩条滚动		XM-01	拨正归位	以牵引或支顶手段将木结构复位。对以下榫卯连接构造较薄弱的部位，采用适当形式的连接件进行锚固：柱与额枋、抬梁的联接用扒钉或铁板条拉接钉牢；脱榫的檩头接缝处加铁扒锔或铁板加固	1.采用干木板木枋，按图示原有样式修复。 2.木构件埋入墙体内的部分应涂刷防腐涂料三道
	修补加固大木构件	顺纹开裂	裂缝宽度≤25毫米，长不超过1/2长度，深不超过1/4宽度	XM-02	嵌补（榉缝）	裂缝宽度≤5毫米，用环氧树脂腻子榉缝； 5毫米＜裂缝宽度≤25毫米，用干燥旧木条嵌补，用结构胶粘牢，根据具体情况确定是否加铁箍；结构胶为改性环氧树脂，根据使用调整配比；在镶补材料表面随构件颜色调配色油刷饰	
		糟朽虫蛀	局部糟朽、虫蛀，深度＜50毫米	XM-03	剔补	1.根据结构需要支顶拆卸上部大木构架； 2.剔除残损腐烂部位后，以同种、质量合格木材镶补（木材强度不低于同种健康材，含水率不得高于12%~15%一般地区干材全年含水率最高值）；剔补面积较大时外加1~2道铁箍； 3.解除支顶，复查大木构架空间位置。 4.剔除构件腐朽后须使工作表面呈不规则锯齿状，并清除木屑，以便于粘接和树脂灌注	
			构架腐朽、虫蛀严重	XM-04	墩接	1.做好结构空间位置标志，支顶拆卸上部大木构架； 2.彻底剔除腐朽部分，根据剩余部分选择墩接的榫卯式样，使墩接榫头严密对缝，还应加设铁箍，铁箍应嵌入柱内。原则要求以同种木材进行墩接； 3.解除支顶，复查大木构架空间位置	

部位	修缮类别	残损类型	残损程度	做法编号	修补名称	做法说明	工程做法表
		劈裂；程度较大的顺纹开裂	裂缝宽度＞25毫米，长、深均超过XMa时适用	XM-05	铁箍	铁箍一般采用环形，接头处用螺栓或特制大帽钉连接。断面较大的矩形构件可用U形铁兜住，上部用长脚螺栓拧牢。 不便于使用铁箍的地方可以酌情使用铁扒锔代替	
	更换构件	构件严重的劈裂、腐朽、蛀蚀，结构性变形大，已丧失承载能力		XM-06	原件复制更换	1.根据结构需要支顶拆卸上部大木构架； 2.拆卸严重变形、严重腐朽、严重残缺的构件。 3.使用同树种质量合格木材按照原构件设计尺寸重新制作并安装补配	
	化学保护加固	构件表面有水迹，易受潮	椽、柱脚等受雨水侵扰、有水迹部位	XM-07	表面防腐	用油漆刷均匀地将防腐油涂于木材表面，至少要做3遍以上。对木件墩接或剔补的断面，可用水溶性药剂处理露出的素材部分。 所有建筑的椽，以及已受雨水侵蚀的檩、额枋、小木门窗等容易糟朽构件统一进行防虫防腐处理	
墙体	修补	面层脱落	白灰抹面粉刷，污损严重，面层剥落	XQ-01	粉刷	1.先将旧灰皮铲除干净，然后按原做法分层，按原厚度抹制，揋压坚实。 2.调运砂浆。 3.抹灰：（1）找平层：15厚滑秸泥（白灰、黄土比3∶7，每100公斤白灰掺入6~7公斤麦秸，麦秸节长4~5厘米，粗泥层加30%细砂）； （2）罩面层：混合砂浆1∶1∶6；纸筋石灰浆	
		墙体酥碱	底部局部酥碱	XQ-02	择砌	1.挖除风化、破碎严重的砖砌体，清理松散灰渣； 2.按照原有砌体规格、质地加工制作镶补用砖； 3.择砌必须边拆边砌，一次砌筑的长度不应超过50~60厘米，若只砌外皮或里皮，长度不超过1米。 4.择砌前先将墙体支顶好，择砌过程中如发现有松动的构件，必须及时支顶牢固。 5.以上完成后，按墙体做法（1）抹灰。	内墙抹灰做法： （1）混合砂浆砌筑墙体。 （2）20厚1∶2.5水泥砂浆找平。 （3）灰膏抹浆赶光，外刷大白浆
			酥碱比较严重部位，开裂严重、局部松动	XQ-03	局部拆砌	1.局部拆除前检查柱头柱根有无糟朽，檩条是否牢固；用杉槁将木架支顶好。 2.拆卸走闪、风化、破碎严重和具有显著构造危险的砌体部分，将砖石砌体逐一编号，探明墙体内部隐蔽构造做法，是否有土坯或碎砖石。 3.砌筑做法：下碱、上身以及盘尖分别按照原有做法重新砌筑。 4.砌体尽量使用旧砖，不足按原有砌体尺寸补配。 5.以上完成后，按墙体做法（1）抹灰	

续表

部位	修缮类别	残损类型	残损程度	做法编号	修补名称	做法说明	工程做法表
地面/台阶	剔补更换		地面不平整	XD–03	（局部）揭墁	1.在原有地面被改装的情况下，按传统铺地做法，参照现存痕迹统一铺设；2.按照原有隐蔽构造的材料做法补做垫层灰；铺墁尽量使用旧砖，不足按照原有规格、质地加工复制地面砖；地面铺设做法：（1）素土夯实；（2）2步三七灰土（虚铺300，实铺240）；（3）灰泥20；（4）方砖铺面清理表面成活	台基做法：（1）素土夯实。（2）砖砌台基。（3）900~1500毫米长，150毫米高，花岗岩阶条石。（4）20~40毫米厚白灰水泥砂浆坐浆。（5）面层320毫米×320毫米×45毫米方砖墁铺
瓦顶	瓦顶重修	屋面滑瓦、落瓦；屋面局部渗漏；椽木局部糟朽、瓦面断裂	瓦件、脊件等缺失、碎裂、严重风化	XW–01	补配	以原式原尺寸来复制缺失构件，更换构件	瓦面做法：（1）杉木檩条小头径≥φ150。（2）椽子φ60@180，底三面抛光。（3）最薄20毫米厚水泥砂浆保护层。（4）挂瓦。采用地方青瓦瓦面，自下而上，底瓦小头向下，压七露三，底灰饱满。瓦陇坐中。（5）筑脊
			木构架保存较好，椽、望砖、瓦局部受损	XW–02	局部揭瓦	局部揭瓦维修，更换糟朽的椽子和破损的望砖，补配碎裂或风化的瓦件，局部按原样瓦瓦。揭顶维修的具体步骤为：1.瓦顶拆除。先揭檐口部位瓦件，然后揭瓦垄和脊。瓦件色差过大的，须分类存放，有裂纹或敲击声音不清脆等残损瓦件捡出不用。瓦件落地后进行扫净刷洗，分类整齐堆码，以备后用。同时，确定补配类型和数量，按原形制和式样提前至厂家订做。2.盖瓦调脊。盖瓦应在木构架修缮处理后进行，对糟朽或断裂受损的檩、椽以及望板应先进行维修加固或更换，加强屋面的整体刚度和承载能力后再进行盖瓦调脊。按先做脊，后铺瓦，先盖上檐，再盖下檐的顺序。在檐头挂线，使底瓦伸出外尺寸一致。底瓦采用一搭三、压七露三，底瓦头部先挂底麻刀灰再铺瓦，以保证瓦与瓦之间缝隙严密。两沟底瓦之间用麻刀灰填实抹平，然后盖合瓦。铺瓦陇时要处理好瓦陇两侧的灰口和两瓦的交接处，用挤浆法将灰挤出再夹陇捉节。在盖瓦时，注意对屋面曲线的控制，在外观上做到"当匀陇直，曲线圆合"。盖瓦均用青白麻刀灰（材料重量比为白灰：青灰：麻刀=100：8：4）。3.补配缺失和损坏的脊饰。对于缺失和损坏无法复原的按脊的比例用瓦条及纸筋灰重新塑造，先用瓦条及铜丝扎出大样，再用纸筋灰塑出外形，在灰五成干后按当地做法进行装饰	

续表

部位	修缮类别	残损类型	残损程度	做法编号	修补名称	做法说明	工程做法表
			由于建筑结构问题而需要揭瓦的建筑	XW-03	揭取瓦顶，重新瓦瓦	1.瓦件处理：揭取并清理屋面瓦件，逐个编号；按原样补配风化、碎裂严重或缺失瓦件。2.瓦瓦：按照原做法重新瓦瓦。盖瓦工作内容如下：运瓦—调运砂浆—脚手架拆软梯—部分铺低灰、轧楞、铺瓦	
	表面处理		瓦顶的勾灰松动、脱落；	XW-04	勾抹瓦顶和屋脊	脊局部断裂，脊件较完整时，用纸筋灰在断裂处勾抹严实	
小木装修	加固		小木构件脱榫或榫卯松动；	XZ-01	归位加固	拆除门扇重新组装，榫卯处应加楔、粘接加固；脱榫的构件归位，涂胶加固	
	修补小木构件		局部糟朽、蛀蚀，以及残损的雀替、门窗等小木构件；	XZ-02	修补添配	修补和添配小木构件时，剔除糟朽、虫蛀的部分，其尺寸、榫卯做法和起线形式应与原构件一致，榫卯应严实，并应加楔、涂胶加固。添补的小木构件应作防虫防腐处理。1.针对继续使用未拆卸下来的原有构件的情况，要逐一涂刷防虫、防腐涂料。2.针对继续使用已拆卸下来的原有构件的情况，要将已拆卸下来的木构件要放到防虫防腐药剂池里浸泡，取出干燥后归位。3.针对更换的新加工构件，首先要在风房中进行干燥处理，之后放到防虫防腐药剂池里浸泡，取出干燥后再进行安装。4.防虫防腐药剂建议使用二硼合剂，特别要注意在使用此药剂时的安全工作，避免不必要的伤害	

6.5 修缮设计图纸

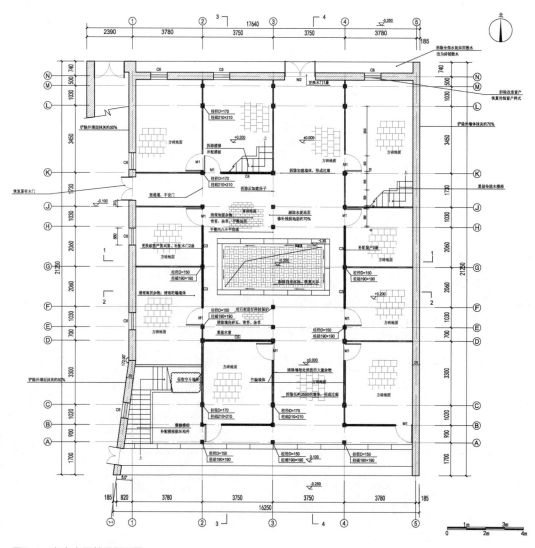

图6-1 左家大屋首层平面图

（图纸来源：作者自绘）

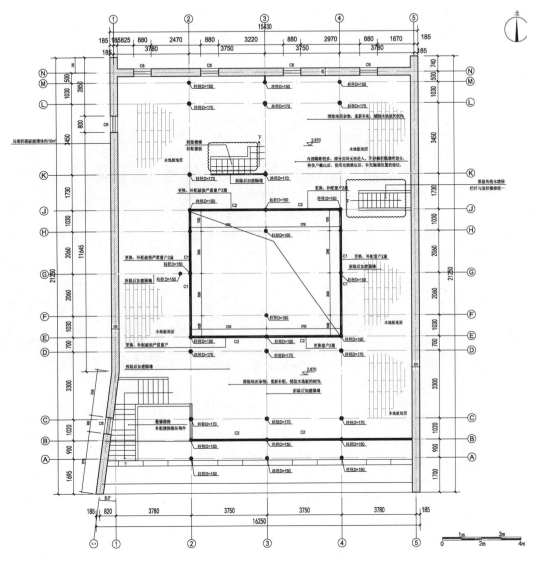

图6-2　左家大屋二层平面图
（图纸来源：作者自绘）

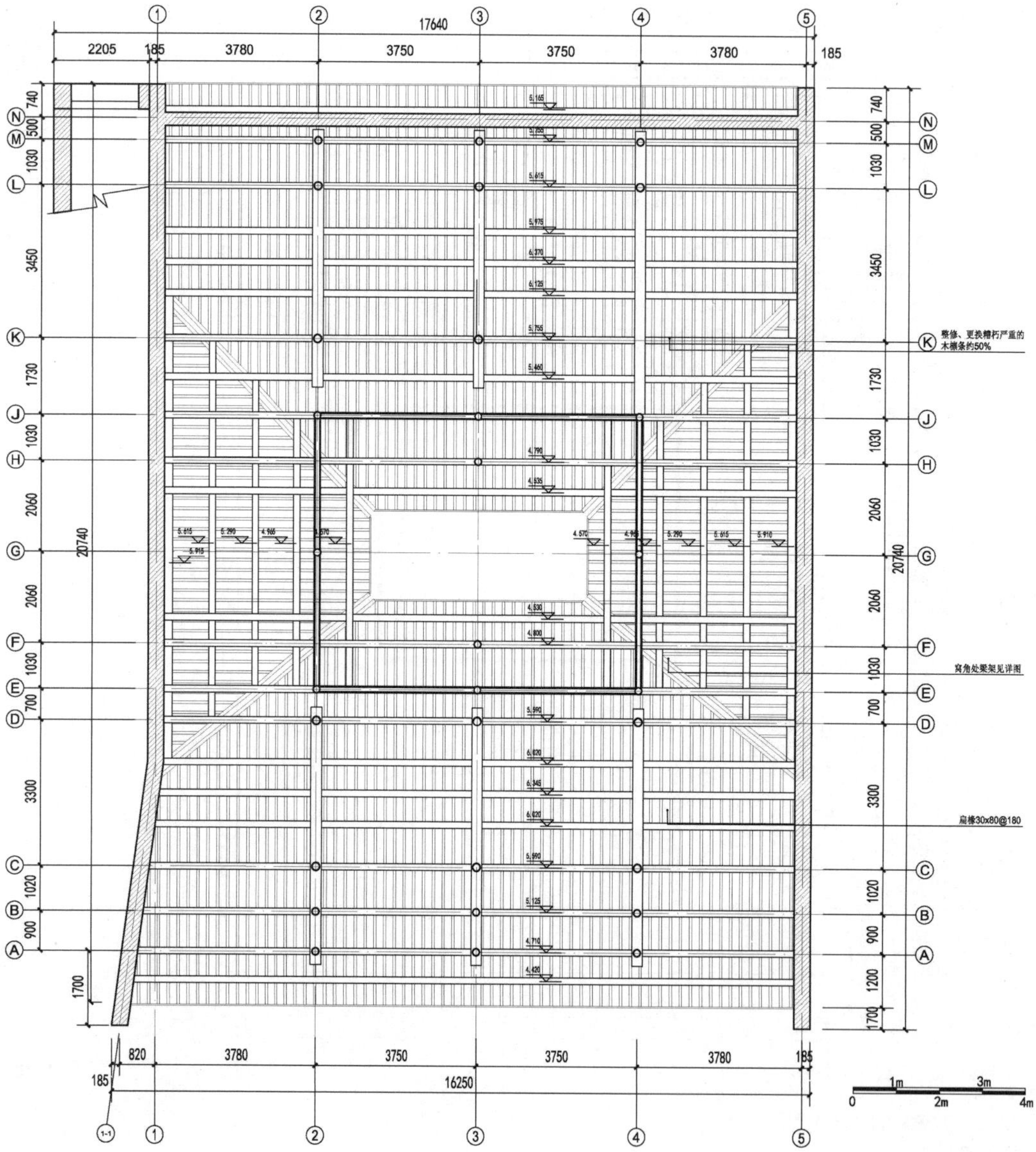

图6-3　左家大屋梁架仰视图
（图纸来源：作者自绘）

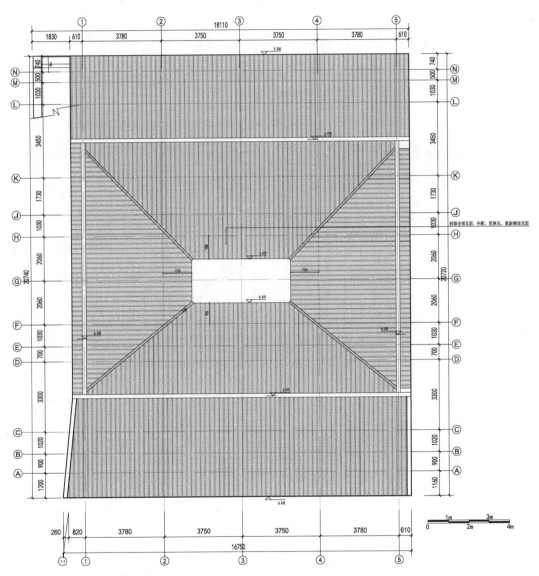

图6-4　左家大屋屋顶平面图

（图纸来源：作者自绘）

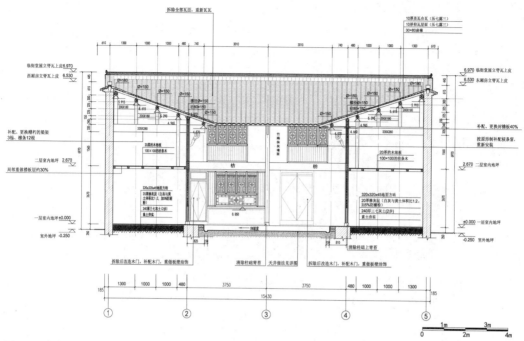

图6-5　左家大屋1-1剖面图
（图纸来源：作者自绘）

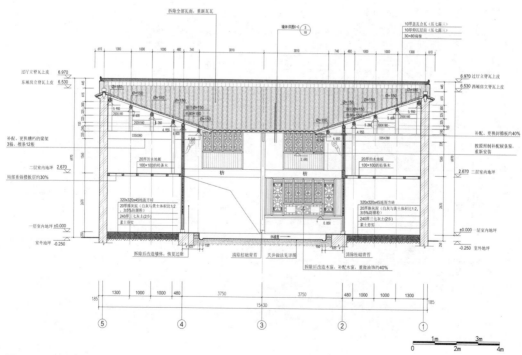

图6-6　左家大屋2-2剖面图
（图纸来源：作者自绘）

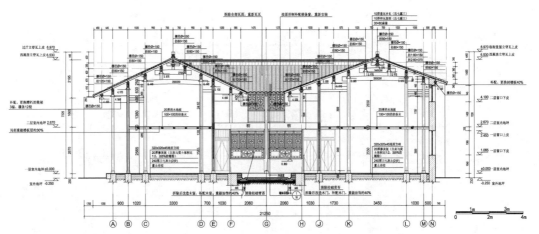

图6-7　左家大屋3-3剖面图
（图纸来源：作者自绘）

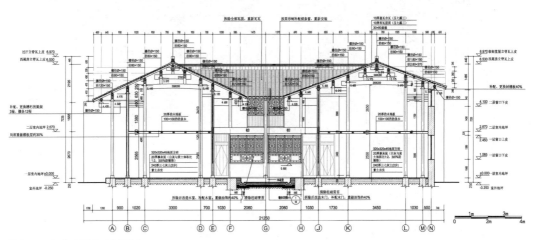

图6-8　左家大屋4-4剖面图
（图纸来源：作者自绘）

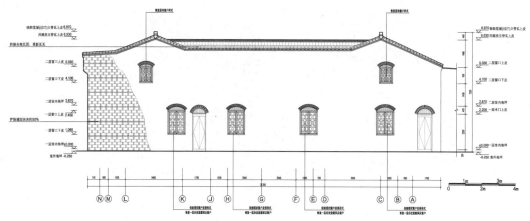

图6-9　左家大屋西立面图
（图纸来源：作者自绘）

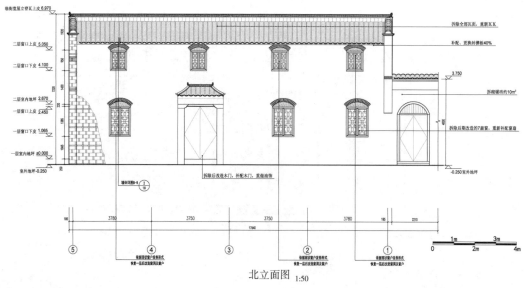

北立面图 1:50

图6-10　左家大屋西立面图
（图纸来源：作者自绘）

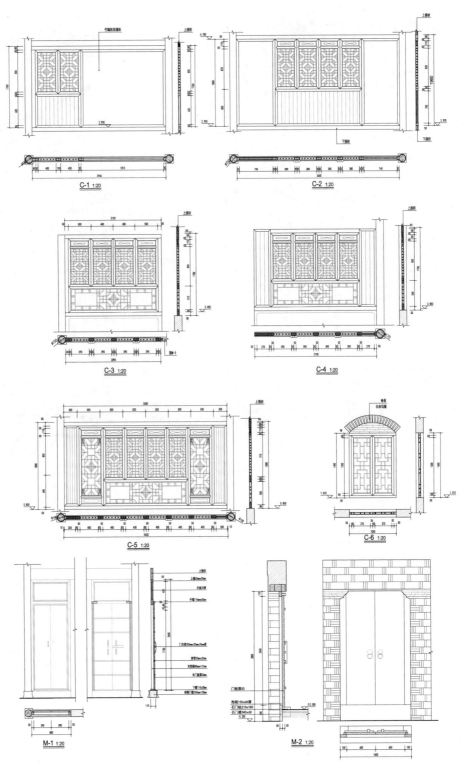

图6-11 左家门窗大样图
（图纸来源：作者自绘）

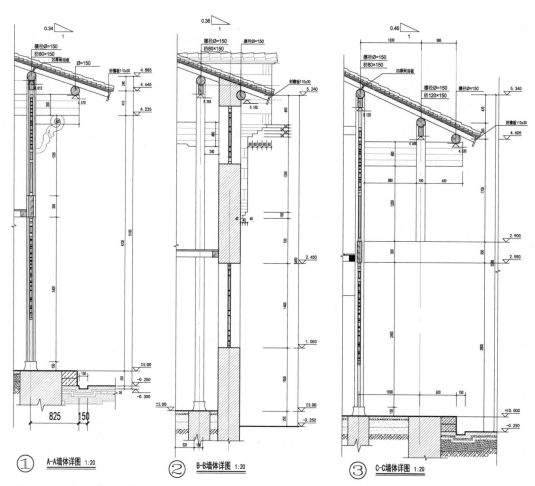

① A-A墙体详图 1:20

② B-B墙体详图 1:20

③ C-C墙体详图 1:20

图6-12　左家大屋檐口大样图

参考文献

［1］陆元鼎，杨谷生. 中国民居建筑［M］. 广州：华南理工大学出版社，2004.

［2］孙大章. 中国民居研究［M］. 北京：中国建筑工业出版社，2004.

［3］刘森林. 中华民居——传统住宅建筑分析［M］. 上海：同济大学出版社，2009.

［4］单德启. 安徽民居［M］. 北京：中国建筑工业出版社，2009.

［5］黄浩. 江西民居［M］. 北京：中国建筑工业出版社，2008.

［6］单德启. 中国民居［M］. 北京：五洲传播出版社，2003.

［7］贾东. 中西建筑十五讲［M］. 北京：中国建筑工业出版社，2013.

［8］吴科如. 建筑材料［M］. 上海：同济大学出版社，1999.

［9］梁思成. 中国建筑史［M］. 台北：明文书局，1986.

［10］刘志平. 中国建筑类型与结构［M］. 北京：中国建筑工业出版社，1992.

［11］李浈. 中国传统建筑形制与工艺［M］. 上海：同济大学出版社，2010.

［12］施维琳，丘正瑜. 中西民居建筑文化比较［M］. 昆明：云南大学出版社，2007.

［13］刘舒婷. 中国传统建筑悬鱼装饰艺术［M］. 北京：机械工业出版社，2007.

［14］梁思成. 清式营造则例［M］. 北京：中国营造学社，1933.

［15］陆勤毅. 安徽历史［M］. 合肥：安徽文艺出版社，2011.

［16］张鲲. 气候与建筑形式解析［M］. 成都：四川大学出版社，2010.

［17］刘仁义. 感悟徽派建筑［M］. 合肥：合肥工业大学出版社，2007.

［18］朱永春. 徽州建筑［M］. 合肥：安徽人民出版社，2005.

［19］曹树基. 中国移民史：第五卷：明时期［M］. 福州：福建人民出版社，1997.

［20］万彩林. 古建筑工程预算［M］. 北京：中国建筑工业出版社，2011.

［21］杨绪波. 聚落认知与民居建筑测绘［M］. 北京：中国建筑工业出版社，2013.

［22］王小斌. 徽州民居营造［M］. 北京：中国建筑工业出版社，2013.

［23］赵勇. 中国历史文化名镇名村保护理论与方法［M］. 北京：中国建筑工业出版社，2008.

［24］郑秋玉. 桐城文庙建筑研究［D］. 安徽：合肥工业大学，2012.

［25］张十庆. 明清徽州传统村落初探［D］. 南京：东南大学，1986.

［26］张钊. 合肥地区传统民居与文化的关系［J］. 山西建筑，2008，34（26）：33-35.

［27］刘仁义，张靖华. 安徽民居色彩成因及其文化内涵研究［J］. 工业建筑，2010，40（5）：146-148.

［28］谈理. 徽州古村落色彩分析［J］. 安徽教育学院学报，2007（2）：123-124.

［29］罗林. 明清徽州村落的色质观照及其中国思维［J］. 城市规划，1999（4）：117-121.

后　记

　　自2012年开始，笔者深入皖中桐城市对桐城市的历史文化街区、文物建筑和历史建筑进行了大量的实地调研，测绘和修缮设计工作。经过近8年的各个部门、机构和团队的协同努力，桐城市的传统建筑文化得到了有效的保护，恢复历史整体格局、修缮各类残损并保持建筑原状风貌。自2017年北大街修缮完成，2019年初左家大屋修缮竣工，2019年中姚莹故居启动修缮以来，桐城市市民坚定了保护建筑文化遗产的共识。

　　感谢丛书主编贾东老师。本书的完成，得到了贾老师的大力支持和督促。

　　感谢北京清华同衡规划设计研究院遗产分院提供的实践平台，感谢张弓、王和才等工程师的大力支持帮助。

　　感谢研究生团队宁丁、解婧雅、李孟琪、潘萌、王瑞峰、吴宇晨、刘莹等同学为本书相关的调研和整理所做的工作。感谢参与相关调研工作的同学。本书是在宁丁同学所做的研究生毕业论文的基础上完善而成。

　　感谢北方工业大学建筑与艺术学院诸位同事们在本书的写作过程中给予的支持和帮助。

　　感激中国建筑工业出版社唐旭主任、吴佳编辑为本书的出版所做出的辛勤工作。

　　本书的研究承蒙教育部人文社会科学研究青年基金项目（15YJCZH177）、北京市社会科学基金项目（15WYC066）、北京市教育委员会科技计划项目（KM201810009015）、北京市教委基本科研业务费项目、北方工业大学人才强校行动计划项目的资助，特此致谢。